本书由以下单位、研究基地和学科项目资助出版：

河南中医药大学
中医药人工智能应用研究实验室
国家自然科学基金青年项目（Grant No.62207010）
国家自然科学基金面上项目（Grant No. 62077019）
河南省高等学校重点科研项目（Grant No.23A520002）

智能优化算法及其在教育时间表中的应用研究

宋婷 王栋 陈矛 著

U0162318

西安交通大学出版社
XI'AN JIAOTONG UNIVERSITY PRESS

图书在版编目(CIP)数据

智能优化算法及其在教育时间表中的应用研究 / 宋
婷,王栋,陈矛著. — 西安:西安交通大学出版社,
2023.7

ISBN 978 - 7 - 5693 - 3041 - 0

Ⅰ.①智… Ⅱ.①宋… ②王… ③陈… Ⅲ.①最优化
算法-研究 Ⅳ.①O242.23

中国国家版本馆 CIP 数据核字(2023)第 007466 号

书　　名	智能优化算法及其在教育时间表中的应用研究
著　　者	宋　婷　王　栋　陈　矛
责任编辑	李　晶
责任校对	秦金霞
装帧设计	伍　胜

出版发行	西安交通大学出版社
	(西安市兴庆南路1号　邮政编码710048)
网　　址	http://www.xjtupress.com
电　　话	(029)82668357 82667874(市场营销中心)
	(029)82668315(总编办)
传　　真	(029)82668280
印　　刷	西安五星印刷有限公司

开　　本	727mm×960mm　1/16	印张　11.625	字数　234千字
版次印次	2023年7月第1版	2024年4月第1次印刷	
书　　号	ISBN 978 - 7 - 5693 - 3041 - 0		
定　　价	72.00元		

如发现印装质量问题,请与本社市场营销中心联系。
订购热线:(029)82665248　(029)82667874
投稿热线:(029)82668266
读者信箱:med_xjup@163.com

前　言

　　追求最优目标是人类的理想，智能优化方法是借鉴仿生学特点发展起来的一门新兴优化计算方法。现实社会存在大量 NPC 或 NPH 问题，其特征是：当问题的参数或规模变大时，可行解的数量呈指数或更高级别形式的增长。对于这类问题，传统优化算法无法在可接受的时间内求得问题的精确解甚至满意解；而以生物智能或自然现象为基础的智能优化算法通过模拟自然界的多种现象来解决这类高度复杂的问题通常能取得不错的效果。随着计算机软硬件技术的提高和普及，智能优化算法（例如，模拟退火、禁忌搜索、遗传算法、蚁群算法等）在国民经济的各个行业中都获得了广泛应用。

　　教育时间表问题（educational timetabling problem），涉及课程时间表、考试时间表等多类具体应用，其中最具代表性的是课程时间表的安排问题，即排课问题。一个合理可行的、能获得各方面较高满意度的课程时间表是保证学校教学活动顺利开展的根本。由于连年扩招和一系列教学改革，我国各高校普遍存在排课难问题；近年来，新高考改革背景下的走班排课、分层教学要求与高中教学资源紧缺的矛盾进一步加剧，导致可满足"一生一课表"等个性化培养目标的课表编制工作变得相当困难。因此，研究并设计面向教育时间表问题的高效启发式算法，对于充分利用现有教育资源、提升办学效率具有重要的现实意义。

　　本质上，教育时间表问题是一个具有 NP 难度的多约束组合优化问题，这意味着不存在完整精确的快速求解算法。启发式算法通常可以在较短时间内获得一个令人满意的解，实现求解效率和质量之间的平衡，因此，设计一个高效的启发式算法,是求解组合优化问题的主要途径。针对教育时间表问题,国际学术界已举办过多次算法设计竞赛,提供了公开的大学排课模型,以便于广大研究者在同一基准下聚焦于算法与理论研究。本书首先针对两个典型的大学时间表公开模型,设计了全新的启发式求解算法;在借鉴公开排课模型问题分析、模型研究和算法设计的基础上,构建了我国新高考改革背景下的走班排课问题模型,并将全新的启发式算法应用到走班排课问题中。

本书作者及其所在的课题组多年来一直专注于智能优化算法在教育时间表问题求解的拓展研究,积累了大量的学习、使用和应用经验。目前,经过课题组所有成员的努力,发表了多篇有关该问题的研究论文,前期研究工作得到了国内外同领域研究人员的广泛认可。

本书将课题组多年来在智能优化算法求解教育时间表问题上的研究成果进行了提炼和汇总,各章节的具体内容安排如下:第1章介绍智能优化算法的产生与发展;第2章介绍最优化模型的一般方法和步骤;第3章介绍教育时间表问题的研究现状及复杂度分析;第4~6章介绍对于大学教育时间表问题求解的几种智能优化算法及其在混合框架中的应用;第7章介绍新高考下走班排课教育时间表问题的模型构建及求解方法。

本书可作为计算机、电子信息、自动化、经济管理等相关学科教师、学生和研究人员的参考书。本书不少内容还有待完善和深入研究,由于作者的水平有限,难免存在不足之处,欢迎广大专家和学者批评指正。

作　者

2023 年 6 月 6 日

目　录

第1章 最优化方法概论

本章首先介绍最优化的重要意义,然后从分析传统优化方法的基本步骤及其局限性入手,讨论实际生活中对新的优化方法的需求,介绍智能优化方法的产生、发展和主要特点,最后简单地介绍近年来最优化发展的一些新动向。

1.1 最优化方法的意义

人类一切活动的实质不外乎是"认识世界,建设世界"。认识世界依赖于建立模型,简称"建模";建设世界依赖于优化决策,简称"优化"。所以,可以说建模与优化无所不在,它们始终贯穿在人类一切活动的过程之中。

从概念模型、结构模型到数学模型以及计算机仿真模型和实物模型,是模型发展的不同阶段。从某种意义上说,人类的一切知识不外乎是人类对某个领域的现象和过程认识的模型。只是由于不同领域问题的模型化的难易程度不同,其模型处在不同的阶段。比如,数学、力学、微观经济学等,其知识基本上是用数学模型来表达的;而哲学、社会学、心理学等,由于许多因素难以定量化,其模型大多还处在概念模型阶段。

认识世界的目的是为了建设世界,同样,建模的目的就是为了优化。建设世界首先必须认识世界,同样,一切优化都离不开模型。比如,建设一个水电站,首先要认识河流的水文规律,而只有综合考虑淹没损失、水坝造价和发电效益,选择最优的建设方案,才能确保水电站建设的成功。

　　最优化离不开模型,所以最优化方法的发展是随着模型描述方法的发展而发展起来的。代数学中解析函数的发展,产生了极值理论,这是最早的无约束的函数优化方法;而拉格朗日乘子法则是最早的约束优化方法。第二次世界大战时期,英国为了最有效地利用有限的战争资源,成立了作战研究小组,取得了良好的效果。战后,作战研究的优化思想被运用到运输管理、生产管理和一些经济学问题中,于是形成了以线性规划、博弈论等为主干的运筹学。运筹学的英文名正是 Operation Research(作战研究),其精髓就是要在约束条件表述的限制下,实现用目标函数表述的某个目标的最优化。线性规划、非线性规划、动态规划、博弈论、排队论、存储论等,这些运筹学的模型使最优化方法的发展达到了极致,从而开启了最优化方法的辉煌时期。

　　除了在军事领域里的成功运用,最优化在国际经济的各个领域里都获得了广泛的运用。运输计划、工厂选址、设备布置、生产计划、作业调度、商品定价、材料切割、广告策略、路径选择、工作指派……各种各样的典型问题都在应用最优化方法;钢铁、采矿、运输、制造业……各行各业都在运用最优化。

　　对个人来说,家庭理财、职业选择、人生计划、作息安排……生活的方方面面都可以运用最优化方法。可以说,最优化是人类智慧的精华,实现最优化是个人聪明才智的表征。最优化水平的高低直接反映了个人智力和受教育水平的高低。

　　本书讲述的就是截至目前最新且最实用的优化方法。

1.2　最优化问题

　　最优化方法涉及的应用领域广泛,问题的种类与性质繁多,归纳起来,可分为函数优化问题和组合优化问题两大类,其中函数优化问题的解是一定区域内的连续取值的量,而组合优化问题的解则是离散取值的量(本书主要讨论组合优化问题)。

1.2.1　函数优化问题

　　函数优化问题一般可描述为:设 D 为 n 维实数空间 $\mathbf{R}^n$ 上的区域,函数 f 广义为 $D \to \mathbf{R}$ 的映射。所谓函数 f 在区域 D 上全局最大化就是寻求点 $x^* \in D$,使得 $f(x^*)$

在区域 $\boldsymbol{D}$ 上最大,即 $f(x) \leqslant f(x^*)$, $\forall x^* \in \boldsymbol{D}$。

通常,函数优化问题又分为有约束和无约束两类,可分别表述为

$$\max_{x \in \boldsymbol{D}} f(x) \text{ 和} \begin{cases} \max\limits_{x \in \boldsymbol{D}} f(x), \\ g(x) \geqslant 0, \\ h(x) = 0. \end{cases} \tag{1.1}$$

对于有约束优化问题,一般先想办法将其转换成同解的无约束优化问题来求解,常用的方法有以下几种。

(1) 把问题约束在"状态"的表达形式中体现出来,并设计专门的算子,使状态所表示的解在搜索过程中始终保持可行性。这种方法最直接,但适用领域有限,算子的设计也较困难。

(2) 在解的编码过程中不考虑约束,而在搜索过程中通过检验解的可行性来决定解的弃或用。这种方法只适用于简单的约束问题。

(3) 采用惩罚的方法来处理约束越界的问题。这种方法比较通用,适当选择罚函数可得到较好的结果。比如,将以上有约束优化问题采用罚函数

$$\begin{cases} \max f(x) + \lambda h^2 + \beta \{\min[0, g(x)]\}^2, \\ x \in \boldsymbol{D}. \end{cases} \tag{1.2}$$

其中,λ 和 β 取负值,且绝对值较大。

另外,为了比较和测试各种算法的性能,通常是基于一些典型问题展开,参考文献[1]列举了数十种这样的典型问题。

1.2.2　组合优化问题

组合优化问题在表达形式上与函数优化问题没有差别,比如

$$\begin{cases} \min f(x), \\ \text{s. t. } g(x) \geqslant 0, \\ x \in D. \end{cases} \tag{1.3}$$

它由目标函数 $f(x)$、约束函数 $g(x)$ 和决策变量 x 及其取值范围 D 等构成,这里 D 为有限个点的集合。若令 $F = \{x \mid x \in D, g(x) \geqslant 0\}$,则一个组合优化问题可用三元组 (D, F, f) 表示。如果 $x^* \in F$,使得 $f(x^*) = \max\{f(x) \mid x \in F\}$,则称 x^* 为该问题

的全局最优解。

例 1-1　0-1 背包问题(Knapsack Problem)

设有一个容积为 b 的包，n 个体积分别为 a_i、价值分别为 c_i 的物品($i=1,2,\cdots,n$)，如何以最大的价值装包?

这个问题称为 0-1 背包问题，也可表述为

$$\max \sum_{i=1}^{n} c_i x_i, \tag{1.4}$$

$$\text{s. t. } \sum_{i=1}^{n} a_i x_i \leqslant b, \tag{1.5}$$

$$x_i \in \{0,1\}(i=1,2,\cdots,n). \tag{1.6}$$

其中，目标函数式(1.4)欲使包内所装物品的价值最大。式(1.5)为包的容积能力限制。式(1.6)表示二进制变量，$x_i=1$ 表示装第 i 个物品，$x_i=0$ 表示不装。此时，$D=\{0,1\}$，其中共有 $|D|=2^n$ 个维数为 n 的 0-1 向量，这里及以后的 $|D|$ 均表示集合 D 中元素的个数。

例 1-2　旅行商问题(Traveling Salesman Problem, TSP)

一个商人欲到 n 个城市推销商品，每两个城市 i 和 j 之间的距离为 d_{ij}，如何选择一条路径，使得商人走遍每个城市回到起点的路程最短?

TSP 还可以分为对称(距离)和非对称(距离)两大类问题。当 $d_{ij}=d_{ji}, \forall 1\leqslant i, j\leqslant n$ 时，称为对称(距离)TSP，否则称为非对称(距离)TSP。此问题也可表述为

$$\min \sum_{i=1}^{n} d_{ij} x_{ij}, \tag{1.7}$$

$$\text{s. t. } \sum_{j=1}^{n} x_{ij}=1 \quad (i=1,2,\cdots,n), \tag{1.8}$$

$$\sum_{i=1}^{n} x_{ij}=1 \quad (j=1,2,\cdots,n), \tag{1.9}$$

$$\sum_{i,j\in S} x_{ij} \leqslant |S|-1, 2\leqslant |S|\leqslant n-2, S\subset\{1,2,\cdots,n\}, \tag{1.10}$$

$$x_{ij}\in\{0,1\} \quad (i,j=1,2,\cdots,n,i\neq j). \tag{1.11}$$

以上是基于图论的数学模型,其中式(1.11)决策变量 $x_{ij}=1$ 表示商人行走的路线包含从城市 i 到城市 j 路径,$x_{ij}=0$ 表示没有选择走这条路径,$i \neq j$ 的约束可以减少变量的个数,使得决策变量共有 $n \times (n-1)$ 个。式(1.7)要求距离之和最小。式(1.8)要求商人从城市 i 出来一次,式(1.9)要求商人走入城市 j 只有一次,式(1.10)要求商人在城市子集中不形成回路。此时,$D=\{0,1\}^{n \times (n-1)}$,$|D|=2^{n \times (n-1)}$。

例 1-3　装箱问题(Bin Packing)

如何用个数最少的尺寸为 1 的箱子装进 n 个尺寸不超过 1 的物品? 此问题称为装箱问题。

例 1-4　约束机器排序问题 (Capacitated Machine Scheduling)

将 n 个加工量为 $d_i(i=1,2,\cdots,n)$ 的产品在一台机器上加工,机器在第 j 个时段的工作能力为 c_j,求完成所有产品加工的最少时段数,它可以表述为

$$\min T, \tag{1.12}$$

$$\mathrm{s.t.} \sum_{j=1}^{n} x_{ij}=1 \quad (i=1,2,\cdots,n), \tag{1.13}$$

$$\sum_{i=1}^{n} d_i x_{ij} \leqslant c_j \quad (j=1,2,\cdots,T), \tag{1.14}$$

$$x_{ij} \in \{0,1\} \quad (i=1,2,\cdots,n, j=1,2,\cdots,T). \tag{1.15}$$

其中,x_{ij}、T 为决策变量,$x_{ij}=1$ 表示第 j 时段加工产品 i。式(1.12)要求加工所用时段数最少。式(1.13)表示产品 i 一定在某一时段被加工。式(1.14)表示每个时段的加工量不超过加工能力。

例 1-5　三精确覆盖问题

已知 $S=\{u_1,u_2,\cdots,u_m\}$ 的 n 个子集构成的子集族 $F=\{S_1,S_2,\cdots,S_n\}$,其中每个子集包含 S 中的 3 个元素,F 中是否存在 m 个子集 $S_{i1},S_{i2},\cdots,S_{im}$,使得 $\bigcup_{n=1}^{m}(S_{ij} \supset S)$? 如果此式成立,我们称 m 个子集 $S_{i1},S_{i2},\cdots,S_{im}$ 覆盖 S。

1.3　邻域、计算复杂性与 NP 完全问题

邻域是局部搜索算法中的一个重要概念,其作用是引导搜索的方向和距离。为

了使局部搜索能够应用于组合优化问题的求解,下面给出组合优化问题中邻域的定义。

令 (D,x,f) 是一个组合优化问题的实例,其中 D 是由所有可行解组成的解空间,x 为一个可行解,f 为目标函数,则邻域可以定义为一种特殊的映射,即 $N:D{\rightarrow}2^D$。这个映射的涵义为,对于任何一个解 $x{\in}D,x$ 的邻域可用集合 $N(x){\subseteq}D$ 表示,$y{\in}N(x)$ 则被称为 x 的一个邻居或邻域解。

在组合优化问题中,邻域的设计通常依赖于待求解问题的特性和解的表达方式。邻域结构设计的不同决定了搜索空间的大小,会对算法性能产生较大的影响。邻域搜索的范围越大,需要花费的时间就越多;反之,需要的时间就越少。如何准确定位搜索的方向,控制解的搜索范围,在提高运算速度的同时又能得到理想的可行解,是求解组合优化问题时需要认真考虑的问题。通过对实际求解问题进行深入分析,发现问题的相关特征,设计和构造有效的邻域结构,是算法成功的一个关键因素。

在邻域概念定义的基础上,我们可以给出局部最优解和全局最优解的概念及相关定义。

定义 1.1 令 (D,x,f) 是一个给定的组合优化问题实例,满足

$$f(x^*) = \min\{f(x^*) \leqslant f(x) \mid x \in N(x^*)\}$$

的可行解 x^*,被称为此问题实例的**局部最优解**。

定义 1.2 令 (D,x,f) 是一个给定的组合优化问题实例,满足

$$f(x^*) = \min\{f(x) \mid x \in D\}$$

的可行解 x^*,被称为此问题实例的**全局最优解**。

从局部最优解和全局最优解的定义可以看出,后者是前者的一个特例。在本书中,如无特别说明,最优解均指全局最优解。

对于许多实际生产生活中的重要组合优化问题来说,其目标函数通常是在特定约束条件下的非线性函数,存在很多局部最优解,寻找这些问题的全局最优解相对比较困难。对于某些规模较小的问题,人们可以通过枚举法得到这类问题的最优

解。但当求解问题变量维数增多时,问题规模也相应增大,可行解的数量呈指数性增长,此时计算量常常发生"组合爆炸",要通过枚举的方法找到最优解几乎不可能,人们转而通过快速的近似求解算法在有限的时间内寻找可接受的局部最优解。那么,如何判别一个特定问题的难度,用来指导有针对性地设计求解算法,这就是计算复杂性理论所关心的问题。

是否所有的问题都是可计算的呢? 答案是否定的。例如,图灵机的停机问题是不可判定的,无法用一个独立的程序判定任意程序是否终止执行。这就意味着,停机问题是不可解的。可计算理论的重要任务之一就是为"计算"这一直观概念建立精确的数学描述和数学模型,并明确区分哪些问题是可计算的,哪些问题是不可计算的。分析某个问题是否具有可计算性意义重大,避免了人们无谓地将时间和精力浪费在一些不可计算问题上。可计算性是评价一个函数的重要特性,设函数 F 的定义域为 D,值域为 R,若存在算法,对定义域 D 中任意给定的 x,均可计算出 $f(x)$ 的值,则称函数 F 是可计算的。若一个问题被判定为是可计算的,那么该问题的计算难度有多大,需要花费多少资源和时间,则是计算复杂性理论主要研究的问题。

通俗地说,解决问题的具体方法或具体过程称之为算法,可以用某个算法来求解的函数或问题则被称为可计算函数或可计算问题。对于一个特定的问题,采用不同算法获得的计算效果并不相同。即使采用同样的算法,在求解不同问题时效果也不同。因此,问题的计算复杂度与算法的计算复杂度密切相关。算法的计算复杂度通常称为算法的效率,算法的效率表示算法在运行过程中所需要的计算机资源的量。其中,所需的空间资源开销称为空间复杂性,所需的时间资源开销称为时间复杂性。由于算法在执行过程中,参数、变量、判断过程等不断发生变化,一次算法执行过程中所需存储器的单元数目(空间资源)通常并不等同于实例的输入长度,因此,我们所说的计算复杂性通常为时间复杂性。实例规模 n 常常被作为评价算法时间复杂性的输入,对于一个实例规模为 n 的问题,若算法可以在其多项式函数[如 $O(n)$,$O(n\lg n)$,$O(n^2)$ 等]时间内对其求解,则认为这是一个高效的算法;但如果其计算复杂度是关于 n 的指数形式[如 $O(2^n)$,$O(n!)$ 等]的函数,则认为是低效的算法。随着问题规模的不断增大，多项式复杂度算法和指数复杂度算法在计算时间上的差异迅速扩大。表1.1给出了不同时间复杂度下，算法随着问题规模的增加，其运算时间增长的情况（假设计算机运行速度为每秒10亿次）。从中可以看出，即使问题规模增加不大，也会引起指数时间复杂度算法的运算时间急剧增长，以至达到天文数字。

表 1.1　不同时间复杂度下算法的耗时比较

时间复杂度	问题规模 n				
	10	20	30	40	50
$O(n)$	10 纳秒	20 纳秒	30 纳秒	40 纳秒	50 纳秒
$O(n\lg n)$	10 纳秒	26.0 纳秒	44.3 纳秒	64.1 纳秒	200 纳秒
$O(n^2)$	100 纳秒	400 纳秒	900 纳秒	1.6 微秒	10 微秒
$O(2^n)$	1.0 微秒	10 毫秒	1.1 秒	18.3 分	4.0 世纪
$O(n!)$	3.6 毫秒	77.1 年	8.4×10^{13} 世纪	2.6×10^{29} 世纪	30×10^{139} 世纪

通过以上对算法计算复杂度的分析，可以看出，针对具体问题找到一个高效的算法（即随着问题规模的增大，运算时间增长较慢的多项式时间复杂度算法）是人们普遍的目标。但在现实世界中，并非所有的问题都能找到多项式时间复杂度算法，截至目前还存在着一些问题，人们无法在多项式时间完成求解。也就是说，当这类问题的规模一旦超过一定值，就无法在人们可接受的时间里获得问题的解。

在介绍 P(Polynomial)问题和 NP(Nondeterministic Polynomial)问题之前，首先需要了解什么是判定性问题[2]。相对于最优化问题求取的答案是问题的最优解，判定性问题求取问题的答案是对问题做出"是"或"否"这样的判断。例如对于旅行商问题，寻找最短路径属于最优化问题，而判别给定路径是否是最短路径则属于判定性问题。直观来说，判定一个解是否是问题的最优解的难度应该不高于寻找该问题的最优解，同样，求解最优化问题与求解判定性问题也存在一定的相关性，有时两者可以相互转换。这种关系与 P 问题和 NP 问题的定义密切相关。

定义 1.3　确定可以找到一个多项式时间复杂度算法对其求解的一类问题,称为 P 问题。

定义 1.4　不确定是否可以找到一个多项式时间复杂度算法对其求解,但确定可以找到一个多项式时间复杂度算法来判定一个解是否是原问题的可行解的一类问题,称为 NP 问题。

从上述定义可以看出,P 问题实际上是 NP 问题的一个子集,也就是说,一个问题属于 P 问题,则它一定属于 NP 问题。对于一些经典的问题,原本属于 NP 问题,随着求解它们的多项式时间复杂度算法的发现,被进一步确定为 P 问题。例如用 Dijkstra 算法求解最短路径问题[3]、匈牙利算法求解最大权匹配指派问题[4]、椭球算法求解线性规划问题[5]等。

那么,NP 是否等于 P? 这个猜想被称为"世界七大数学难题"之一,至今尚未有人能够证明。经过四十多年计算机理论科学领域的研究,更多的科学家倾向于认为 NP 不等于 P,其依据就是 NPC(NP-Complete)类问题已经被发现和证明。20 世纪 70 年代初期,库克找到了第一个 NPC 问题——SAT(satisfiability)问题,从而奠定了计算复杂性理论的基础[6]。著名的库克-列文定理认为:SAT ∈ P 当且仅当 NP=P。实际上,NPC 问题并不是只有这一个,而是一类问题,它们具有两个重要的性质:任何一个 NPC 问题都无法用多项式时间复杂度算法求解;如果一个 NPC 问题找到多项式时间复杂度算法求解,则所有 NPC 问题均存在多项式时间复杂度算法。NPC 问题被认为是 NP 类中具有代表性的最难求解的问题,到现在已经发现数千个这样的问题,如旅行商问题、哈密尔顿回路问题、图着色问题、车间作业调度问题等。

还有一类问题,虽然所有 NP 问题均可在多项式时间内归约成该问题,但该问题本身无法证明是否为 NP 问题,这类问题就被称为 NPH(NP-Hard)问题。同样,只要一个 NPH 问题可以在多项式时间内解决,那么所有的可归约到该问题的 NP 问题都可以在多项式时间内解决。

NPC 问题与 NPH 问题的主要区别是:NPC 问题首先必须是 NP 问题,而 NPH 问题不一定是 NP 问题,根据定义可知 NPC ⊂ NPH,这就意味着 NPH 问题比 NPC 问题难度更大。例如有些问题,我们无法在多项式时间内获取全局最优解,而更为困难的是,就算有人给出了一个解,也无法在多项式时间内判定其正确性,这样的问题就属于 NPH 而不属于 NPC。图 1.1 显示了 P、NP、NPC 和 NPH 问题之间的关系。

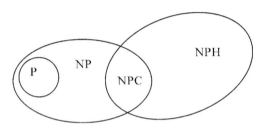

图 1.1   P、NP、NPC 和 NPH 问题之间的关系

第2章　最优化问题计算方法

本章首先介绍了传统优化方法及智能优化方法,进而给出了求解 NP 问题的优化求解的一般途径,即启发式算法;介绍了启发式算法的相关概念、思路和设计原则,并对其中一类重要的算法框架——元启发式算法进行了描述。

2.1　传统优化方法

2.1.1　传统优化方法的基本步骤

传统优化方法主要指:线性规划的单纯形法,非线性规划的基于梯度的各类迭代算法。这类算法的基本步骤包括如下三步。

1. 选择一个初始解

传统的优化方法总是从选择初始解开始,一般来说,这个初始解必须是可行解。比如线性规划的单纯形法,首先要从大 M 法或二阶段法找到一个基础可行解。对于无约束的非线性规划函数优化问题,初始解一般可以任选;但是对有约束的非线性规划问题,通常也必须选择可行解作为初始解。

2. 停止判据

这一步检验现行解是否满足停止准则。停止准则通常就是最优性条件。比如,对于线性规划的单纯形法,若检验数向量

$$\boldsymbol{\pi} = \boldsymbol{C}_B^{\mathrm{T}} \boldsymbol{B}^{-1} \boldsymbol{N} - \boldsymbol{C}_N^{\mathrm{T}} \geqslant 0$$

则满足最优性条件,停机;否则,转入下一步迭代。这里,$\boldsymbol{B}$、$\boldsymbol{N}$ 分别是约束矩阵中基础变量和非基础变量对应的部分;$\boldsymbol{C}_B$ 和 $\boldsymbol{C}_N$ 是价格向量中基础变量和非基础变量对应的部分。

对于无约束的非线性函数优化问题,检验梯度函数 $\nabla f(x^k) = 0$ 是否成立。

对于非线性规划问题,则必须检验 Kuhn-Turker 条件

$$\nabla f(x^k) - \boldsymbol{\lambda}^{\mathrm{T}} \boldsymbol{h}(x^k) - \boldsymbol{\pi}^{\mathrm{T}} \boldsymbol{g}(x^k) = 0$$

是否成立。其中,$\boldsymbol{h}(x)$ 和 $\boldsymbol{g}(x)$ 分别是等式约束函数向量和不等式约束函数向量。

3. 改进解

当最优性条件不能满足时,就必须向改进解的方向移动。比如对于线性规划的单纯形法,即做转轴变换,旋出一个基础变量,旋入一个非基础变量。对于非线性规划的最速下降法、共轭梯度法、变尺度法等,则向负梯度方向、负共轭梯度方向或负的修正的共轭梯度方向移动。即

$$x^{k+1} = - x^k - \alpha \nabla f(x^k)$$

其中,α 是移动步长,通常用一维搜索的方法来确定。$\nabla f(x^k)$ 表示当前解 x^k 的梯度、共轭梯度或修正的共轭梯度方向。

2.1.2　传统优化方法的局限性

传统优化方法的这种计算构架给它带来了一些难以克服的局限性,主要表现在以下几方面。

(1)对问题中目标函数、约束函数有很高的要求。传统的优化方法通常要求目标函数和约束函数是线性连续可微的,有些甚至要求是高阶可微的,比如牛顿法。实际上,这样的条件往往很难满足。

(2)只从一个初始解出发,这种方法很难发挥出现代计算机高速计算的性能,难以进行并行、网络计算、分布式计算,难以提高计算效率,这样就限制了算法计算速度和求解大规模问题的能力。

(3)最优性达到的条件太苛刻。传统优化方法只有当解的可行域是凸集,目标函数是凸函数,即满足所谓的"双凸"条件时,才能保证获得的解是全局最优解。

(4)在非双凸条件下,没有跳出局部最优解的能力。一旦算法进入某个局部的低谷,就只能局限在这个低谷区域内,不能搜索该区域之外的其他区域。

2.2　智能优化方法

针对传统优化方法的不足,人们对最优化提出了一些新的需求。

1. 对目标函数和约束函数表达的要求更加宽松

对于实际问题,希望目标函数和约束函数可以不必是解析的,更不必是连续和高阶可微的;目标函数和约束函数中可以含有规则、条件和逻辑关系。于是,以规则形式表达的知识和人的经验都可以嵌入到优化模型之中。这样的模型已经不再是传统的数学模型,而是智能模型。

2. 计算效率比理论上的最优性更重要

传统的优化方法是方法定向的,所以它比较注重理论的最优性。但是很多实际问题并不介意获得的解是不是理论上最优的,而更加注重的是计算的效率。由于实际问题的复杂性,往往造成问题的规模很大,对时效性要求很高。比如,复杂制造系统的实时调度问题要求优化方法算得快,能解决的问题规模大,这就要求优化方法能够高效快速地找到满意的解,至于是不是最优解反而并不十分重要。

3. 算法随时终止时能够随时得到较好的解

传统的优化方法不能保证随时终止时能够获得较好的解,比如非线性规划的外点法,计算中途终止算法连可行解都不能得到。许多实际问题有很高的时效性要求,对于这类问题,虽然计算更长时间可以获得更好的解,但由于急于获得结果,往往要求能够随时终止计算,并且在终止时能够获得一个与计算时间代价相当的较好解。

4. 对优化模型中数据的质量要求更加宽松

传统的优化方法是基于精确数学的方法,这类方法对数据的确定性和准确性有严格的要求。实际生活中很多信息具有很高的不确定性,有些只能用随机变量或模糊集合乃至语言变量来描述。实际中,人们迫切希望找到能够直接对具有不确定性的数据乃至语言变量进行计算的优化方法。

1975 年,Holland 提出遗传算法(Genetic algorithms)。这种优化方法模仿生物种群中优胜劣汰的选择机制,通过种群中优势个体的繁衍进化来实现优化的功能。1977 年,Glover 提出禁忌搜索(Tabu Search)算法。这种方法将记忆功能引入到最优解的搜索过程中,通过设置禁忌区阻止搜索过程中的重复,从而大大提高了寻优过程的搜索效率。1983 年,Kirkpatrick 提出模拟退火 (Simulated Annealing)算法。这种算法模拟热力学中的退火过程能使金属原子达到能量最低状态的机制,通过模拟的降温过程,按玻耳兹曼(Boltzamann)方程计算状态间的转移概率来引导搜索,从而使算法具有很好的全局搜索能力。1995 年,Kennedy 和 Eberhart 提出粒子群优化(Particle Swarm Optimization)算法。这种算法模仿鸟类和鱼类群体觅食迁徙中,个体与群体协调一致的机理,通过群体最优方向、个体最优方法和惯性方向的协调来求解实数优化问题。近年来该方法已经成为新的研究热点。

相对传统的优化方法,以上算法有一些共同的特点:都是从任一解出发,按照某种机制,以一定的概率在整个求解空间中探索最优解。由于它们可以把搜索空间扩展到整个问题空间,因而具有全局优化性能。

(1)不以达到某个最优性条件或找到理论上的精确最优解为目标,而是更看重计算的速度和效率。

(2)对目标函数和约束函数的要求十分宽松。

(3)算法的基本思想都是来自对某种自然规律的模仿,具有人工智能的特点。

(4)多数算法含有一个多个体的种群,寻优过程实际上就是种群的进化过程。

(5)这些算法的理论工作相对比较薄弱,一般来说都不能保证收敛到最优解。

2.3　启发式算法

所谓优化算法或优化方法,实际上就是针对优化问题,利用基于特定机制与原理的某种规则或途径,在解空间中搜索满足用户要求的解的方法。目前已知的求解 NP 问题的优化方法有很多,通常可将其大致分为两类:确定性算法(Deterministic)

和概率性算法(Stochastic or Probabilistic)。

确定性算法,主要指非线性规划的基于梯度的迭代算法和线性规划的单纯形法。这类确定性优化方法具有成熟度高、可靠性强的优点,其求解结果为确定的全局最优解,在问题规模较小的优化问题求解中具有广泛而重要的应用。但是由于该类算法的搜索空间太大,对于规模较大的 NP 完全问题,往往无法在可接受的时间内获得最优解。实际上,在现实中很多问题未必一定要追求问题的最优解,只要能获得满足一定精度的次优解就可以满足实际需要,于是,研究者转而从非完整搜索的角度出发,设计能在保证解足够优的基础上,同时具有极高速度和效率的算法,实现解的优度和求解速度之间的平衡。

概率性算法,指在求解的过程中引入了搜索的随机性,依据一定的概率选择下一步的搜索方向,从而避免陷入局部极值。其搜索过程体现了启发式算法的核心思想。启发式算法是在可接受的时间范围内寻找当前最优解,但并不能保证其所得解为全局最优解,甚至在大多数情况下,无法确定所得解与全局最优解的近似程度。由于现实世界存在大量的实际问题属于大规模 NP 完全问题,无法找到多项式时间的确定性算法对其求解,而启发式算法速度快、简单易行,虽然无法保证所得解为全局最优解,但是能够针对具体最优化问题在合理的计算时间内得到人们可接受的次优解,从而满足实际需要,这就促使了启发式算法和元启发式算法的兴起和繁荣。

2.3.1 启发式算法

启发式一词源自希腊语动词 *heuriskein*($\varepsilon\upsilon\rho\iota\sigma\kappa\varepsilon\tau\nu$),意思是"发现,找到"。实际上,启发式算法本质上是一种随机算法,其搜索过程是在当前邻域下按照某种设定概率来接受退化解,从而使搜索过程具有跳出局部最优的能力。对于许多具有 NP 难度的问题来说,搜索空间过于庞大,以至于在搜索过程中常常会发生组合爆炸的现象,因此诞生了各种启发式算法来退而求其次寻找次优解。在使用随机型算法对问题进行寻优过程中,为了对搜索过程中出现的大量可选路径进行剪枝以简化搜索,必须借助从待解问题的相关信息中获得的启发式策略,来确定下一步搜索的方向。这些策略来自于人类的经验法则及人类社会、生物进化、物理过程等自然运行规律。大量研究证明,经过精心选择启发式策略,可以大大加快求解问题所需的计算时间,同时能够有效地提高找到次优解的概率。下面给出一个常见的启发式算法定义[7]。

启发式算法是一种基于直观或经验构造的算法,对组合优化问题的每一个实例,都能在可接受的计算费用(指计算时间、占用空间等)内,给出一个可行解,该可行解与最优解的偏离程度不一定事先可以预计。

在早期,对于具体的组合优化问题,研究者通常开发专门的启发式算法来解决。然而,由于不同的问题具有不同的特性,一种问题上所使用的启发式算法很难移植到其他问题中,这也导致早期启发式算法通用性不高。随着更一般的、具有通用性的算法框架解决方案的出现,上述启发式算法移植性差的现象得到根本改观。这类算法包括遗传算法、模拟退火、交叉熵、人工蜂群、粒子群优化、手榴弹爆炸法等[8-13]。这些算法虽然搜索机制不同,但都是作为一种可通用框架形式出现和使用,这就使得该类算法可以通过少量的改动来应用到不同的最优化问题上。Glover在1986年首次提出了这种方法的术语"metaheuristic"——元启发式算法[14]。metaheurstic这个词中使用的希腊语后缀"meta"意为"超越,在高水平"。Glover同时给出了元启发式算法的定义:

元启发式算法是通过设计局部搜索和更高级别策略之间的相互协作,以创建一个能够逃离局部最优和对解空间实行更强健搜索的解决方案[15]。

经过多年的研究和对许多实际优化问题应用效果的分析与探讨,2003年,Blum和Roli根据元启发式算法的研究进展,更进一步详细总结了元启发式算法的本质特征:

元启发式算法是通过使用不同方式探索搜索空间更高层的概念。其主要特征为,能够在对有希望区域的深入探索(通常称为强化)和对搜索空间的更广范围的开发(通常称为多样化)之间给出动态平衡。这种平衡是非常必要的,一方面能够快速识别搜索空间中有高质量解决方案的区域,另一方面可以不在已经探索过的搜索区域或者没有高质量的解决方案的搜索区域中浪费太多时间[16]。

从以上给出的元启发式算法的两种定义中可以看出,元启发式算法基于一组可以设计强大算法的通用原则,是在更高层面上结合了启发式算法(基于待解决的具体问题的特性)的具有通用框架的一种启发式算法。随着时间的推移和元启发式算法的不断发展,这些原则也逐渐得到扩展,凡是那些能够在复杂解空间中采用一定策略来跳出局部最优陷阱的任何程序过程都可称为元启发式算法,尤其是那些利用一个或多个邻域结构作为定义从一个解到另一个解的可接受移动的方法,或者在构造阶段与扰动阶段所进行的构建与扰动操作过程。

元启发式算法已经越来越多地被用来解决各种复杂组合优化问题,当求解问题的难度使其计算时间随问题规模的增加而以指数速度增加时,这往往是人们无法忍受的,而一个好的元启发式算法可以实现在合理计算时间内提供近似最优的解决方案。经过近二十年的发展,目前,在解决 NP 难度的问题上,元启发式算法逐渐显现出强大的能力,随着越来越强大的计算机和并行平台的出现,元启发式算法甚至已成功应用于具有严格响应时间要求的实时问题。在下一节中,我们将介绍目前元启发式算法的常见分类,以及本研究中将要用到的及一些当前较为经典的元启发式算法。

2.3.2　元启发式算法

元启发式算法(有些学者译为现代启发式算法)根据不同的特征划分为不同的分类方法。例如,元启发式算法按照算法是从单个解开始迭代还是多个解开始迭代,可以分为基于单点的元启发式算法和基于群的元启发式算法;按照算法搜索的邻域划分,可分为单邻域的元启发式算法和多邻域的元启发式算法;根据算法的起源,可分为基于自然启发的元启发式算法和基于非自然启发的元启发式算法。当然,还有一些别的分类方式,在此就不再一一列举。下面我们按照目前使用较多的一种分类方式(基于单点和基于群的算法)对一些常见的算法做简要介绍。

2.3.2.1　基于单点的元启发式算法(Single-solution metaheuristics)

(1)迭代局部搜索算法(Iterated Local Search,ILS)

在介绍迭代局部搜索算法之前,我们首先简单介绍一下局部搜索算法。局部搜索算法是从一个初始解出发,通过比较当前邻域结构中的最优解(如果比当前解好)

或搜索到的第一个更优解来代替当前解,再从更新后的当前解出发,重新定义邻域结构并进行搜索与更新,按此规则进行直到邻域中的所有解不比当前解更优为止(此时为局部最优解)。可以看出,局部搜索算法中邻域结构的定义是影响算法效率的一个主要因素。如果邻域范围过大,则会加大搜索代价;而如果邻域范围太小,又会使算法迅速陷入局部最优解。为避免单次局部搜索陷入局部最优,往往从同一初始解出发多次进行局部搜索过程,最后从多次局部搜索结果中挑选最好的一个作为算法的最终结果。

迭代局部搜索(ILS)的关键思想是将搜索集中在所有候选解邻域的完整解空间上,而不像简单局部搜索算法那样完全从一个随机点出发进行邻域搜索,搜索集中在当前邻域结构搜索范围上。迭代局部搜索算法是在简单局部搜索算法的基础上,加入了扰动算子,使搜索能够跳出局部最优"陷阱"。当计算落入局部最优陷阱时,通过对当前局部极小值点进行一个随机扰动,使计算跳出当前局部极小值区域,但同时又在一定程度上保留了该局部最优值好的结构信息。对扰动所产生的新解,再运用局部搜索算法对其进行优化。上述过程迭代向前。需要注意,在此过程中,每次迭代寻优后,如果获得了更优的局部极小值,则从新的局部极小值出发构造新解;否则,就回退至历史最优极小值点重新出发构造新解。简单的说,ILS算法总是从历史最优的局部极小值点出发,通过一定的随机扰动构造出新的初始解,并采用局部搜索算法实现新一轮的迭代优化。ILS过程如图 2.1 所示。

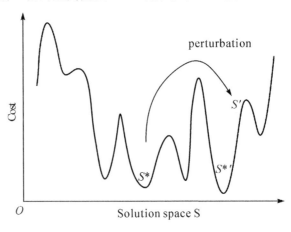

图 2.1   迭代局部搜索示意图

迭代局部搜索算法具有元启发式算法的许多理想特性：简单、易于实现、健壮和高效。

在许多情况下，元启发式算法是解决复杂优化问题最有效的方法。在设计元启发式算法时，无论在概念上还是实践上都提倡算法设计的简单性。如果我们把元启发式仅仅看作是指导（特定于问题的）启发式的一种构造，那么理想的情况应该是在不考虑任何问题相关性特征的情况下使用元启发式算法。而在很多实际问题中，为了追求更好的性能，必须将特定于问题相关性特征的策略合并到元启发式算法中。这就导致许多元启发式算法变得越来越复杂，从而丧失了元启发式算法结构简单性和通用性的理想情况。

迭代局部搜索算法的概念简单，它无须使用太多特定于问题相关性特征的策略，因此是一种满足了理想元启发式算法所有需求的简单方法。算法的优化可以逐步进行，因此迭代局部搜索可以保持在任何希望的简单级别，再加上迭代局部搜索的模块化特性，使得迭代局部搜索的开发时间较短，在工业应用领域比更复杂的元启发式方法拥有更大优势。由于上述所有这些特性，我们相信迭代局部搜索是一种很有前途和强大的算法，可以解决工业和服务领域（如从金融到生产管理、物流）的真正复杂的问题。其已经成为一个有竞争力的，甚至是截至目前最先进的算法。

(2) 模拟退火算法(simulated annealing, SA)

模拟退火算法最早由 Metropolis 在 1953 年提出[17]，Kirkpatrick 等人于 1983 年将其用于组合优化领域[18]。该方法的主要思想是通过模仿物理学中金属退火的过程来实现算法的寻优，退火的目标是寻找系统能量的最低状态——基态。固体（晶体或金属）的退火过程可描述为：首先对固体进行加温熔化，然后逐渐降温冷却，最终达到恢复固体较低能量的基态。在此过程中，冷却速度太快，固体结构内部会出现大量不规则状粒子排列，从而导致相对高的系统能量状态；相反，通过逐渐的缓慢退火，使其温度在每个水平保持足够长的时间以达到平衡，可获得更规则的低能量状态的固体结构。对最优化问题的寻优过程可以通过模拟固体的这种退火过程来表示。表 2.1 描述了固体退火过程与优化问题求解过程的类比关系。

表 2.1   固体退火与优化问题类比

固体退火	优化问题
系统状态	解
粒子偏移位置	决策变量
系统能量	目标函数
基态	全局最优解
亚稳态状态	局部最优解
淬火	局部搜索
温度	控制参数 T

在模仿固体退火来求解组合优化问题时,每次迭代过程中,通过从特定方式的变换(定义解的邻域结构)中随机选择移动来改变当前解的状态。如果新的候选解得到改进,它将自动被接受成为新的当前解;否则,按照 Metropolis 准则接受候选解。退化解的接受概率不仅与温度参数相关,还与目标函数增加幅度有关。基本上,如果温度高且目标函数增加幅度较低,则更有可能接受该退化解。模拟退火另外一个重要的因素是冷却率,冷却率通常根据经验来设定。冷却过程中,温度控制参数逐渐降低,并且在每个温度水平下执行一定数量的迭代;当温度足够低时,仅接受改进的移动,该过程会停止在局部最优值。已有研究证明,该方法在一定条件下能够渐近收敛于全局最优(假设无限次迭代)[19]。然而,在运算时间有限的情况下,无法保证其能够收敛到全局最优。

标准模拟退火算法的一般框架如下。

第一步:设定初始状态和初始温度,随机产生一个初始解。

第二步:内循环。在当前温度及邻域结构下,产生一个新的候选解,根据 Metropolis 准则判断是否接受候选解。如此反复,直至达到内循环停止条件。

第三步:外循环。判断是否满足外循环终止条件,若不满足,执行降温,返回第二步;否则,算法终止,输出结果。

尽管模拟退火算法的收敛性已经得到证明,但是在运算时间有限的情况下,仍然无法保证能够收敛到全局最优。在许多实际应用中,特别是在大规模问题应用中要以适当牺牲解的质量为前提来缩短运算时间。为了保证在运算时间和解的质量上能够取得完美平衡,模拟退火的参数设计还有许多值得探讨之处。目前在这方面有许多不错的改进方法,如:门槛接受法[20]、大洪水演算法[21]、改进冷却进度表[22]、有记忆的模拟退火法[23]、并行模拟退火算法[24]、回火退火法、Demon 法[25]和两阶段模拟退火算法[26]等。

(3)禁忌搜索(tabu search,TS)

禁忌搜索的基本形式是由 Glover 在 20 世纪 80 年代末首先提出来的[27],该方法本质上是对简单局部搜索的一种改进。TS 的基本原理是模拟人类智力过程,在搜索陷入局部最优时,通过允许非改进的移动来达到跳出局部最优的目的。在每次迭代中,通过使用具有短期记忆能力的禁忌列表来阻止循环回到先前访问过的解决方案(或最近访问过的解决方案的状态),以避免迂回搜索。同时它还引入了一个特赦准则,通过特赦准则赦免一些被禁忌的优良状态,克服了禁忌搜索过于严苛的特点,从而使得搜索更加灵活,能够保证搜索的多样化,最终实现全局优化。

禁忌表和特赦准则是影响禁忌搜索的两个关键因素。禁忌表是禁忌搜索算法中的核心,它的功能类似于人类的短期记忆,通常是记录近期接受的若干次移动的状态,在一定次数内禁止再次被访问。禁忌表的长度不但影响搜索的时间,还直接关系到局部搜索和全局搜索的平衡。大量研究表明,采用动态设定禁忌长度比固定不变的禁忌长度能使算法获得更好的性能。特赦准则也被称为藐视准则,是指在某些特定条件下,不管某个移动是否在禁忌表中,都可以接受该移动。例如,某个候选解的适应值优于历史最优值,此时无论该移动是否在禁忌表中,都会被接受;如果某禁忌对象进入禁忌表时改进了适应值,而下次这个被禁忌的移动又改进了适应值,那么这个移动也可以被特赦。特赦准则的设计比较灵活,实际应用中可以采用一种或同时选择几种。而且,特赦准则还要与禁忌长度、候选解集等策略综合考虑,达到平衡强化搜索与分散多样化的目的。

禁忌搜索算法在生产调度、路由选择、电路设计、机器学习和组合优化等领域取得了很大的应用。Watson 等人提出了基于禁忌搜索的 job shop 求解动态模型[28],Tan 等人研究了基于禁忌搜索的 CDMA 多用户检测算法[29],Niar 等人设计了并行禁忌搜索算法求解多维 0-1 背包问题[30]。近年来,在函数全局优化领域,禁忌搜索技术也取得了较为广泛的研究成果。通过对算法操作和参数选择进行改进,以及与模拟退火算法、遗传算法、神经网络等其他算法相结合,可进一步改善禁忌搜索算法的性能。

(4)**变邻域搜索**(variable neighborhood search,VNS)

变邻域搜索算法最早在 20 世纪 70 年代由 Mladenović 和和 Hansen 提出[31],它是一种简单有效的求解组合优化问题的方法。与固定邻域的算法相比,变邻域搜索通过设定一定的规则,系统地改变搜索过程中的搜索领域,从而能够有效地跳出局部最优,大大增加了获得全局最优解的机会。

变邻域搜索的基本思想是:给定一组预先选择的邻域结构(通常是嵌套的),在当前解的第一邻域中随机生成解,从中执行局部下降。如果获得的局部最优解不比当前解好,则跳到下一个邻域重新开始搜索。当找到比当前解更好的解决方案或者已经探索了每个邻域结构时,搜索从第一邻域重新开始。当考虑了所有的邻域结构并且无法改进时,搜索停止,此时的解是所有邻域结构的局部最优解。变邻域搜索算法的基本过程如图 2.2 所示。

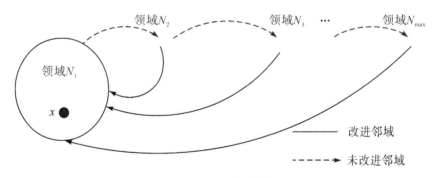

图 2.2   变邻域搜索算法

可以看出,变邻域搜索依赖于这样两个事实:①一个邻域结构的局部最优解不一定是另一个邻域结构的局部最优解。②当邻域设置得足够合理使解之间可以相通时,理论上可通过改变邻域结构的搜索范围,搜索邻域内所有邻居而获得全局最优解。变邻域算法的相关综述文章和详细介绍可参考文献[32][33]。

2.3.2.2　基于群的元启发式算法(population metaheuristics)

(1)遗传算法(genetic algorithms,GA)

遗传算法是由美国密歇根大学的 Holland 教授及其学生 Bagley 于 20 世纪 60 年代末到 70 年代初提出的[34],是一种典型的进化算法。1975 年,Holland 教授出版了《自然和人工系统的自适应性》(*Adaptation in Natural and Artificial Systems*)一书,这是第一本系统论述遗传算法的专著,该书的出版标志着遗传算法的正式诞生。

遗传算法借鉴了达尔文的生物进化论和孟德尔的遗传学说,其精髓是适者生存的自然选择法则。遗传算法本质上是一种随机搜索算法,通过模拟自然界生物遗传进化过程,寻找最优解。它不依赖于问题的具体模型,对各类复杂的组合优化问题具有很强的鲁棒性。遗传算法的基本思想是:首先,根据问题的目标函数构造一个适应度函数,然后,对一个按照一定规则生成的多个解构成的初始种群进行评估、遗传运算(交叉和变异)、选择,经过多代繁殖,获得适应值最好的一个或几个个体作为问题的最优解。遗传算法的运行机制可以描述如下。

1)产生初始种群。遗传算法的运行是一个群体迭代的过程,以种群为单位对解空间进行搜索。通常采用随机方法来构造一个初始种群。

2)构造适应度函数。适应度函数是遗传算法中评价个体的适应能力的唯一指标。一般情况下,适应能力强的个体具备较高的环境适应度和较强的生存能力;与之相反,适应能力差的个体则被自然淘汰。根据实际问题的不同,适应度函数作为一种度量指标,我们通常要求它是非负的,并且越大越好。因此,对于求最小值的优化问题,通常需要进行适当的转换。适应度函数基本上是通过对目标函数的转换而形成的。

3)根据适应度选择和繁殖。遗传操作是遗传算法的核心,其任务是依据适应度对个体施加特定的操作,从而优胜劣汰地实现进化过程。遗传操作包括三种遗传算子:选择、交叉和变异。选择策略中,适应度高的个体能够有较高的选择概率,在选择过程中,按照一定的概率选择个体,一定程度上保证了种群的多样性。交叉和变异操作有利于扩大搜索空间,增加种群的多样性,避免早熟收敛。选择和繁殖过程不断重复,产生出越来越优异的近似解。

4)迭代后适应度最好的个体为最优解。经过若干代的繁衍进化后,问题的最优解即为得到的适应度最好的个体。

遗传算法具有全局收敛性的优点,且天然适合于并行计算。通过联合使用三种算子,可以在保持原有解的优度的同时,避免陷入局部极小值。但其也有算法速度较慢、解的优度相对较低的缺陷。

(2)蚁群算法(ant colony optimization ,ACO)

蚁群算法是20世纪90年代由意大利学者M. Dorigo等人提出的一种仿生学算法[35,36],算法的基本思想是通过模拟蚂蚁的群体觅食行为来求解复杂组合优化问题。蚂蚁在觅食过程中会在所经之路上留下一种称为信息素的化学物质,信息素会随着时间的推移而逐渐挥发,蚂蚁可以通过感知其经过路径上信息素的存在及浓度来指导自己的运动方向。蚂蚁倾向于朝着信息素浓度高的方向移动,即选择该路径的概率与当时这条路径上信息素的浓度成正比。因此,有大量蚂蚁组成的蚁群的集体行为便能够表现出一种信息正反馈现象:某一路径上走过的蚂蚁越多,信息素浓度就越高,后来的蚂蚁选择该路径的概率就越大,其他路径上的信息素会随着时间的流逝而逐渐挥发。最终整个蚁群会在正反馈的机制下集中到代表最优解的最佳路径上。图2.3是一个人工模拟蚁群系统路径寻优的例子。假设A点为蚁巢,F点为食物源,蚂蚁的目的是将食物带回蚁巢,较短的路径明显比较长的路径能够节省

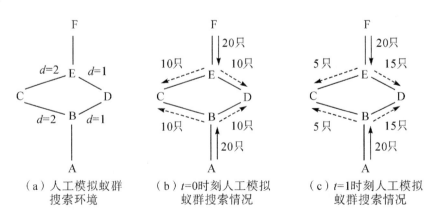

（a）人工模拟蚁群　　　（b）t=0时刻人工模拟　　　（c）t=1时刻人工模拟
　　搜索环境　　　　　　　蚁群搜索情况　　　　　　蚁群搜索情况

图2.3　人工模拟蚁群路径寻优实例

更多的时间和蚁力。可以看出,对于从 A 到 F 的这条寻优路径上,相同时间内(假设每只蚂蚁运动速度相同)右侧道路上会有更多的蚂蚁经过(选择右侧道路 ABDEF 的蚂蚁先到终点并且比选择左侧道路 ABCEF 的蚂蚁较早返回),也就留下了更多的信息素,在经历了两次循环后,蚂蚁逐渐会选择信息素多的右侧(ABDEF)路径。

基本蚁群算法具有较强的鲁棒性、优良的分布式计算机制、易于与其他方法结合等特点,已经被广泛应用于工程领域中的许多优化问题上。但蚁群算法也存在着一些需要完善的部分,例如,基本蚁群算法的解的构造过程计算量较大,面对复杂优化问题搜索时间长,在算法搜索到一定程度后,所有蚂蚁搜索到的解完全一致,算法容易出现停滞现象,易于陷入局部最优。针对算法的这些缺陷,有很多学者对其进行了进一步的改进研究,很大程度上促进了蚁群算法的发展。其中比较有代表性的改进研究成果有:蚁群系统(ant colony system,ACS)[37],最大-最小蚁群系统(max-min ant system,MMAS)[38],精英策略的蚂蚁系统(elitist ant system,EAS)[39]等。

基于群的优化算法有很多,例如例子群算法、蜂群算法、布谷鸟算法、和声搜索算法、蝙蝠算法等。随着越来越多的学者投入到群智能的理论研究和实际应用推广领域,群智能也逐渐成为一个新的重要研究方向。

从实践来看,对于很多复杂组合优化问题,单独使用某一种方法的效果并不能获得最优结果。在过去一二十年中,混合优化方法在解决复杂优化问题中变得越来越流行。事实上,在利用元启发式算法求解各类真实的复杂优化问题时,许多算法并不完全遵循某一特定的经典元启发式算法模型,而是结合了不同的算法技术。例如,我们前面介绍的模拟退火、禁忌搜索、迭代局部搜索、进化算法(如遗传算法)、蚁群优化等都是比较突出的例子,它们都有各自的历史背景,遵循一定的范式,最终以一种独特的结构表征和算法框架形式展示出来。而事实表明,在处理困难的优化问题时,集中于单一的元启发式算法对于提高解的质量是相当有限的。然而这种混合了两种或多种元启发式算法的方法不完全遵循单个传统元启发式算法的概念,而是结合了各种算法思想,利用并结合单个“纯”策略的优势,从而能够获得更好的算法性能。事实上,如今看来,选择多个算法进行适当组合是在解决最困难的问题时得以获得最佳性能的关键。这些方法通常被称为元启发式混合(metaheuristic hybrids)或混合式元启发(hybrid metaheuristics)。

所有这些混合的方法都有其各自的优点和缺点。其优点是利用各种单一算法的优势以获得更有效的算法混合系统,从协同中获益。缺点是元启发式混合策略通常比传统的"纯"策略要复杂得多。与使用简单的"开箱即用"策略相比,必要的开发和调优工作可能要复杂得多。实际上,更复杂的混合算法不会自动执行得更好——适当的设计和适当的调优总是必需的工作,并且其难度随着系统复杂性的增加而增加。因此,实际中混合算法是应用最为广泛且效果最好的一种方法。

除了上述单纯算法之间可进行混合外,事实上,想要最有效地解决一个特定问题,通常总是需要一个特别优化的算法,该算法由来自不同的元启发式算法和其他特定于问题相关性的算法技术适当组合而成。以最好的方式开发特定于问题相关性的策略,选择正确的算法组件,并以最合适的方式组合它们,是算法设计的关键组成部分。

2.4　本章小结

Metaheuristics——元启发式算法是一种解决多种复杂组合优化问题的非常有效的方法。元启发式算法的一个很好的特征是可以很容易地处理现实生活中的复杂约束情况,且拥有着多种高可移植框架。但是,这并不意味着可以应用元启发式算法盲目地解决任何新问题。不同的问题有着不同的问题特性与相应的约束情况,求解不同的问题时,一个成功的元启发式算法需要考虑该问题的重要相关特性,特别是对其提供的通用搜索方案进行细致调整,以适应该问题相关的具体问题特性(例如,选择适当的搜索空间和有效的邻域结构)。事实上,最有效地解决一个特定的问题,几乎总是需要一个特别优化的算法,而优化算法的关键就是需要结合不同的元启发式算法的优势,以及有时非常特定于某个问题的其他算法技术。然而,开发一种高效的混合方法通常是一项困难的任务,有时甚至被认为是一门艺术。

第3章 教育时间表问题概述

3.1 研究背景

教育时间表问题是学校教学管理活动中的核心问题,涉及课程时间表、考试时间表等多类具体应用,其中最具代表性的是课程时间表的安排问题,即排课问题。排课问题本质上是一种资源配置优化,即将课程、学生、教师、教室、时间等因素根据一定的约束条件进行合理的组合。尽管手动排课仍存在于众多中小学校,但对于一个中等规模的、约束条件不太少的排课问题,手动排课方式在耗费时间以及课表质量等方面已无法满足实际需求。随着计算机的迅速发展和广泛普及,用自动排课系统替代劳动强度大、工作效率低的手动排课,日益成为教学管理的迫切需求。

从 1999 年开始,我国高校招生人数逐年增加。到 2017 年,高等教育总规模达到 3779 万人,比 1978 年提高近 20 倍(图 3.1)。大学扩招,对我国社会和经济的发展起到了积极的推动作用,但同时也带来了一系列的问题。例如,在教师、教室、实验室等资源紧缺的情况下,编制一份令各方面都满意的课表是一件相当有挑战性的工作。另外,近年来国家不断推进和深化高等教育教学改革,高校开设的课程数量急剧增加,在给学生提供更多学习和选择机会的同时,也进一步增加了排课工作的难度。

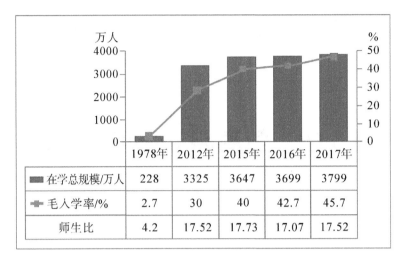

图 3.1　1978、2012、2015、2016、2017 年高等教育在学总规模、毛入学率和师生比

　　除了高校,近几年开始实行新高考改革的高中也同样面临着严峻的排课难问题。2014 年开始逐省推行的新高考改革,是自 1977 年我国恢复高考以来高考招生制度最为系统和全面的一次改革,它在高考考试科目、高校招生录取机制等方面做出了非常大的调整,对当前高中教学组织方式产生了巨大冲击。为契合新高考改革目标,满足学生自由选择高考科目的要求,"走班"教学和分层教学等新型教学组织方式开始实行。尽管有利于因材施教,但这些教学组织方式的推行,导致了师资和教学场地的紧缺,使得新高考改革中的"走班制"排课问题变成了一项极其困难的任务。

　　目前国内外已有不少自动排课软件,但大多数排课软件仅能帮助教务人员减少部分工作量,还无法实现真正的自动排课,尤其是面对资源较为紧张、约束较为复杂的大学排课问题和新高考走班排课问题,现有排课软件的排课质量不高,还不能充分满足学校的实际需求。本质上,排课软件的能力由排课算法决定,而排课算法的设计难度和求解效率是与教育时间表问题自身的难度相关的。早在 20 世纪 70 年代,教育时间表问题就已被证明是一个具有 NP 难度的组合优化问题,即随着问题所涉及信息量的增加而导致"组合爆炸",这意味着,对于一个中等及以上规模的教育时间表问题,几乎不可能在可以接受的时间内得到问题的精确解。

在现有排课算法并不理想的情况下,针对当前大学和高中排课中普遍存在的规模大、约束条件多、学校需求各异等具体问题,本章将在深入分析国内外排课求解算法以及具体排课问题的基础上,通过科学集约地调配各种教学资源和设计有针对性的排课策略,设计更为高效的排课算法。其成果不仅能丰富教育时间表的求解方法,还能发展成为高效的排课软件,以解决大学和高中现实中面临的排课难题,保障学校教学活动的顺利开展。

3.2　国内外研究现状

3.2.1　国外研究现状

20 世纪 50 年代末,国外就有学者使用直接启发式方法对自动排课问题进行研究,其方法主要是通过模拟人的操作来解决排课问题[40-41]。尽管研究结果并不理想,但通过对排课问题认识的逐步深入,研究者在处理一些特殊的排课需求方面提出了一些有价值的建议,并在一些自动排课程序的开发和应用上取得了一定进展。但是,这些直接启发式方法所获得的经验在不同机构和类别的排课问题上很难具有通用性。1963 年,Gotlieb 提出了排课问题的数学模型,标志着教育时间表问题的求解研究正式步入科学殿堂[42]。在教育时间表问题的早期研究中,所涉及的数据规模相对较小,主要采用了线性规划和图论等方法。例如:Lawrie 采用线性规划方法求解时间表问题[43],得到了一个无教师冲突的排课方案;Early、Neufeld 和 Tartar 等学者将时间表问题简化为图着色问题来解决[44-46]。1972 年,Junginger 将排课问题简化为一个三维运输问题[47]。Dyer 和 Mulvey,Mulvey,Chahal 和 Werra 等人提出使用网络模型作为时间表算法的核心[48-50]。

在教育时间表问题研究的早期阶段,由于计算复杂性理论的相关研究还不够完善,导致人们对该问题的计算复杂性产生了极大的争议;直到 1976 年,Even 等人证明了教育时间表问题是 NP 完全问题[51]。对于这类 NP 完全问题,人们至今没有找到可以有效解决的数学方法。此后,这一课题的研究大多离开理论的研讨而转向经验的方式,这使得 20 世纪 80 年代开发的许多自动化课表系统普遍缺乏普适性。

20 世纪 90 年代,随着人们对排课求解问题研究的逐渐深入,教育时间表问题根据教育机构和用途的不同被细分为三类:高中时间表问题、大学排课问题、考试时间表问题。高中时间表问题的特点是班级和学生通常是绑定的,教室相对固定,教师通常只讲授一门课程且教学任务较为繁重。与之相比,大学排课问题中学生有更大的选课自由,班级教室不固定,教师通常教授多门课程。考试时间表则只需考虑在安排学生考试过程中,避免同一个学生同时被安排在不同的考试科目中。显然,这种分类已经大致包括了教育机构所有的时间表安排需求,较之前的研究更为接近真实的排课问题。在此阶段,众多优秀的智能算法被应用到排课求解问题上。

Abramson 首次使用模拟退火算法来解决排课问题。他首先将排课问题转换为一些元组安排到固定的时间段的模型,每个元组由一个班级的学生、一名老师、一门科目和一间教室组成;然后使用基于 Monte Carlo 准则的模拟退火算法来优化该问题,并设计了一种并行算法,使运行速度上快于等效序列算法[52]。Eglese 和 Rand 将模拟退火算法应用到会议时间表问题上,该问题类似于考试时间表,研究者需要根据参会者提交的期望参与的研讨组来安排具体的会议时间表。该算法混合了模拟退火算法,目的是帮助主办方安排未来类似的会议时间表[53]。

Hertz 采用禁忌搜索算法来解决大规模大学课程时间表问题,除了基本的硬约束外,又考虑了大组学生的排课、优先考虑的需求、地域约束等问题[54]。1992 年,Hertz 又进一步将这种方法扩展到解决上课时段要求更复杂的情况[55]。Alvarea-Valdes 和 Schaerf 将禁忌搜索应用到了标准的高中时间表问题上[56-57]。Alvarea-Valdes 提出的算法分为三阶段,主要用来解决真实的西班牙中学排课问题。在算法第一阶段,通过使用具有优先级规则的启发式算法来构造初始解;在第二阶段,通过对前一阶段的初始解采用禁忌搜索来获得可行解,该可行解在第三阶段做进一步改进[56]。Schaerf 也使用禁忌搜索算法来解决一些实际高中排课问题,他提出了交替使用不同的移动交换策略,并对硬约束采用自适应策略,该算法在一些具有不同约束的大型高中排课中成功应用[57]。

Colorni 等人将遗传算法应用到一所意大利高中排课问题上,构造了基于三个层次的目标函数来衡量排课结果与最理想结果之间的差距,并将运行结果与模拟退火和禁忌搜索做了比较,结果显示遗传算法和禁忌搜索解决该问题的表现优于模拟退火算法[58]。Abramson 等人设计了一种并行的遗传算法来克服该算法耗时的弊端,并对染色体交叉操作后会破坏解的可行性问题提出了相应的解决方案[59]。在 20 世纪 90 年代,很多学者将遗传算法应用到考试时间表问题上[60-61]。Corne 研究了模块化考试调度问题(MESP),以解决大规模的跨部门的考试安排问题,目标是尽量减少学生的考试压力,例如尽可能避免安排学生在一天内连续参加多场考试等[60]。Burke 设计了一个基于考试和课程的大学时间表原型系统,该系统采用了遗传算法并取得了良好的实际效果[61]。Monfroglio 采用一种基于约束的启发式搜索和遗传算法混合的方法来解决学校时间表问题[62]。

Kang 和 White 提出了将逻辑编程方法应用到普通学校排课问题中,该方法的优势是可以以声明的方式来描述约束条件[63]。Fahrion 和 Dollansky 提出根据待安排课程的优先级来实现逻辑编程的方法,并将其应用到大学排课问题上[64]。

Yoshikawa 等人设计了一个约束松弛问题求解器,称为 COASTOOL。在约束松弛问题的求解中,每个约束给定一个惩罚值,以寻找一种分配方案来最小化总的惩罚值[65]。Solotorevsky 等人定义了一种称为 RAPS 的基于规则的语言,用来解决一般的资源分配问题,并将其应用在排课问题中。RAPS 定义了五种类型的规则:分配规则、约束规则、局部变化规则、环境规则和优先权规则。在系统中,规则并不是提前预定好的,而是由用户选择的。该系统有两个模式:贪婪和非贪婪模式。当处于贪婪模式时,如果当前规则无法安排一个课程,那么系统将重新选择一个课程;在非贪婪模式下,当无法安排课程的情况发生时,将会启用局部变化规则[66]。

另外,还有一些学者对时间表问题的求解采用了其他算法,例如 Cooper 和 Kingston 采用了混合算法来研究真实的时间表问题[67],Balakrishnan 等人针对考试时间表问题提出了拉格朗日松弛技术的网络模型方法[68]。

尽管这一阶段对排课求解问题的研究取得了很大进展,但由于排课问题本身的复杂性,研究依然存在不少问题,例如很多研究都是将实际问题简化或仅研究规模较小的问题,导致研究结果与实际的排课问题脱离。为了进一步缩小理论与实际问题之间的差距,在 20 世纪 90 年代末,欧洲五所大学研究机构合作成立了 European Metaheuristic Network 组织,每两年举行一次 PATAT(International Conference on the Practice and Theory of Automated Timetabling)会议。该组织从 2002 年开始发起每五年一届的国际时间表竞赛(international timetabling competition,ITC),到 2019 年,共组织了四届国际时间表竞赛。

在 2002 年第一届国际时间表竞赛中,针对大学排课问题,研究者给出了基于一个特定问题的描述,包括多所大学课程时间表的多种特征。该描述逐渐成为该领域的研究标准,之后的很多相关研究都采用该次大赛的数据集作为研究数据集[69-72]。这次大赛成功地为时间表领域的研究者创造了相互交流的共通平台。大赛采用的相关技术和竞赛结果可参看网站(http://sferics.idsia.ch/Files/ttcomp2002/)。

第二届国际时间表大赛(ITC 2007)于 2007 年 8 月 1 日举行,该届比赛遵循第一届大赛的大赛精神,为时间表研究的进一步发展提供了研究支持。具体细节可浏览大赛网站(http://www.cs.qub.ac.uk/itc2007/)。这届大赛的目标主要有两个:一是通过吸引来自其他领域的研究者,鼓励研究者使用多学科的方法来尝试解决时间表问题;另一个重要目标是缩小运筹学与人工智能领域的理论研究与实践之间的差距[73]。为此,该届大赛从"真实世界"的角度出发,提供了两种当前教育机构存在的时间表问题模型:考试时间表(Exam-TT),课程时间表(CTT)。根据不同学校时间表构造方式的不同,课程时间表问题又可分为两类,基于学生注册选课的时间表问题(Post Enroll-CTT)和基于课程的时间表问题(Curriculum-CTT)。尽管三类时间表问题不可避免地存在一些重叠,但从研究和实践的角度来看,这种分类很好地区分了问题的不同类型,为问题的研究提供了更精确的方向,有利于对不同类问题进行更加深入的研究。

2011 年,第三届时间表大赛由 PATAT 会议支持发起,该届大赛以高中时间表问题为比赛主题,具体参见网站(https://www.utwente.nl/en/eemcs/dmmp/hstt/)。高中排课问题也是一个历史悠久的时间表问题,但在该届大赛之前,与其他时间表问题相比,有关高中时间表问题的研究较少且相对分散,几乎没有可共享的数据集以供研究。由于高中时间表的很多数据集缺乏统一的格式,因此,该届大赛统一了大约 50 个数据集，以 XML 格式呈现，方便了研究人员对该类数据集的研究，并提供了一个可以评估解决方案的网站，使得该届大赛的参赛模式更加灵活。

2018 年，第四届时间表大赛举行，该届大赛仍以大学时间表问题为主，与往届大赛不同的是，该届大赛不再对运行时间及运行环境加以限制。

国际时间表竞赛的举办及赛后众多研究者的进一步探讨，无论在理论上还是实践方面，都大大促进了教育时间表问题求解研究的发展。除了三届国际竞赛数据集外，还有其他权威机构提供的数据集，例如，多伦多基准数据集（the Toronto benchmark data）、诺丁汉基准数据集（the Nottingham benchmark data）、墨尔本基准数据集（the Melbourne benchmark data）、普度基准数据集（the Purdue benchmark data）等。

20 世纪 90 年代末至今的教育时间表问题求解研究，除了针对诸如时间表大赛提供的数据集和其他权威机构提供的数据集进行研究外，还有一部分学者针对一些真实学校的排课问题进行了研究，涌现出了许多之前没有使用过的新算法。这一阶段的算法根据算法特性可分为以下几类。

(1)局部搜索算法

局部搜索算法是解决最优化问题的一种元启发式算法，它通过在一定搜索空间中从一个解移动到另一个解来实现。局部搜索算法包括模拟退火（simulated annealing，SA），禁忌搜索（tabu search，TS），随机贪婪自适应搜索过程（greedy randomized adaptive search procedures，GRASP）。局部搜索算法在教育时间表领域应用非常广泛。Kostuch 参加了 2003 年的时间表大赛并获得冠军，他使用了基于模拟退火的启发式算法：首先构造一个可行解，然后通过模拟退火算法对其进一步优化[74]。Chiarandini 等人使用超启发式算法（混合了构造启发式算法、禁忌搜索、变邻域下降和模拟退火）来解决 2003 年时间表大赛问题。该算法被分成两部分，第一部分采用构造启发式算法解决硬冲突，第二部分首先使用变邻域搜索，然后采用模拟退火来进一步改进软冲突的值[75]。2007 年，Murrav 将普渡大学时间表问题转化为约束满足最优化问题（CSOP），并使用一种迭代向前的搜索算法来求解[76]。Ceschia 等人在 2012 年使用模拟退火算法对 lewis60 数据集、2003 年时间表竞赛和

2007 年时间表竞赛的基于学生注册选课的时间表问题进行了求解测试,并对比了此前的研究结果,证明了该方法的有效性[77]。2004 年,Burk 等人采用了两种局部搜索的变体来解决多伦多大学和诺丁汉大学时间表基准数据集。该方法预先定义了时间约束的模拟退火算法和改进的大洪水算法,大洪水算法同样具有模拟退火可以接受劣解的优势,其结果显示,大洪水算法优于模拟退火算法[78]。Gogos 等人开发了一种多阶段算法来解决 2007 年国际时间表大赛数据集,上层启发式算法是 GRASP,下层方法包括启发式算法和元启发式算法。这两层方法在构造阶段和改进阶段循环使用[79]。

2016 年,Bellio 等人提出了一种基于特征对模拟退火进行调参的方法来解决基于课程的大学时间表排课问题。该方法使用了一种有效且稳健的单阶段模拟退火方法,并且在参数调整过程中设计应用了广泛的、基于统计原理的分析方法。此分析对搜索方法参数和实例特征之间的关系进行建模,允许通过对实例本身的简单考察来设置未见实例的参数。该方法在一组著名的基准测试中获得高质量的结果。该文的最后一个贡献是提供了一组新的真实数据样本,可以作为未来比较的基准数据[80]。

2017 年,Goh 等人采用迭代两阶段方法研究了基于学生注册选课的时间表问题。在第一阶段,使用带有采样和扰动的 Tabu 搜索(TSSP)来生成可行的解决方案。在第二阶段,提出了一种改进模拟退火的模拟退火回温法(SAR),以提高可行解的质量。SAR 具有三个特征:新颖的邻域方案、估算局部最优和重新加热方案。SAR 消除了传统 SA 中经常需要大量调参的需要。所提出的方法在文献中研究较多的三个数据集上进行了测试,与现有技术方法设定的基准相比,其算法表现具有很强的竞争力[81]。

(2)群智能算法

群智能算法属于基于群的搜索技术,其特点是通过某些或全部个体的信息交换完成寻优的算法。例如,在蚁群算法中,蚂蚁获取食物的最短路径是通过在途中释放信息素来实现的,最短的路径就是具有最强信息素水平的路径。Socha 等人使用两种不同的蚁群算法来解决大学课程时间表,包括蚁群系统和最大-最小蚁群系统。

在两个算法的每个步骤中,每只蚂蚁根据启发式信息和相应的信息素构造一个完整课程到时间段的安排,然后再使用局部搜索算法对当前解进行改进[82]。

　　Turabieh 等人将鱼群算法应用于 Socha 等人使用的同一大学课程时间表问题上。智能鱼群算法的思想是模拟鱼类寻找食物的行为,鱼的运动是基于 Nelder-Mead 单纯形算法,为了增强解的质量使用了两种局部搜索算法——多衰退率大洪水算法和最速下降法[83]。2011 年,Turabieh 和 Abdullah 用同样的方法来解决考试时间表问题[84]。另一个群体智能算法是粒子群算法,Shiau 和 Chen 分别用粒子群算法来解决大学基于课程的时间表问题[85-86]。粒子群算法由空间中的一群粒子组成,一个粒子的位置由一个代表解的质量的矢量来表示,其运动轨迹受到自身的飞行经验以及周围的其他粒子的飞行经验的影响。Shiau 用混合粒子群算法来解决一个标准的大学排课问题,每个粒子的状态根据群体的优化公式不断更新并进行局部搜索[85]。Chen 和 Shih 分析了粒子群算法(PSO)与混合了标准粒子群算法(SPSO)和局部搜索的启发式算法在解决大学排课问题上的差异,评估了两种改进的标准粒子群启发式算法——惯性权重改进和收缩因子改进——用于解决这个问题,算法在单个数据集上进行了测试,其中混合算法表现最好[86]。Eley 针对多伦多基准数据集的大学时间表问题,用 ANTCOL 算法与 2003 年 Socha 等人的最大-最小蚁群系统(MMAS)进行比较,结果显示 ANTCOL 算法优于 MMAS[87]。

　　2015,Fong 等人采用基于自然启发的人工蜂群(ABC)算法研究两种不同的大学时间表数据集,即 Cater 考试时间表数据集和 Socha 课程时间表数据集。应该注意的是,这两个问题具有不同的复杂性且需要不同的解决方案。ABC 算法是一种生物学启发的优化方法,近年来已广泛应用于解决一系列优化问题,如作业车间调度和机器时间表问题。尽管该方法在一系列问题中表现出强鲁棒性,但是在探索和开发方面效率并不高,这种低效率通常会导致搜索过程中收敛速度变慢。因此,作者介绍了该算法的一种变体,利用粒子群优化的全局最优模型,与大洪水(GD)算法进行混合以提高全局探索能力,从而提高局部开发能力,实现搜索深度和广度之间的有效平衡。实验结果表明,该方法能够在这两个基准问题上产生高质量的解决方案,显示出良好的通用性。此外,与文献中提出的其他方法相比,作者所提出的方法在某些情况下可获得最好结果[88]。

(3)进化算法

进化算法也属于基于群的搜索算法,最常见的进化算法是遗传算法。遗传算法是一种模拟自然选择和遗传机制的优化算法。2001 年,Filho 和 Lorena 使用构造遗传算法来解决巴西高中时间表问题[89]。2003 年,Souza 等人对该问题采用贪婪算法获得初始解,然后使用禁忌搜索对其进一步改进[90]。2008 年,Nurmi 和 Kyngas 提出使用遗传算法来解决基于课程的大学时间表问题[91]。其首先将基于课程的大学时间表问题转换为学校时间表问题,转换后的问题使用此前论文中公开的遗传算法[92],改进的遗传算法使用了贪婪爬山的变异算子及自适应的遗传惩罚方法。Suyanto 提出了一个遗传算法来解决基于课程的大学时间表问题,首先使用贪婪启发式算法获得一个无硬冲突的初始解,然后在保持解的可行性的同时,使用定向变异算子来减少软冲突的值[93]。Mansour 等人针对一个真实的大学考试时间表问题研究了一种基于分散搜索方法的进化启发式算法,该方法通过对一组候选解的保存和改进来得到一个近似最优解。结果显示,该方法优于手工方法和其他一些元启发式算法[94]。

Maya 等人在 2016 年提出了使用进化算法来解决大学排课问题,实验使用一组 3 个真实的包含不同特征的墨西哥大学排课问题实例。作者比较了两种进化算法——差分进化(DE)算法和遗传算法(GA)的实验效果,对实验结果进行了定性-定量比较,结果显示基于 DE 算法的解决方案具有最佳的表现性能[95]。2018 年,Wang 等人提出了一种有效解决课程时间表问题的贪婪遗传融合算法(GGFA),利用该算法可以为遗传算法产生更高质量的初始种群。仿真结果表明,该文提出的贪婪遗传融合算法比标准遗传算法具有更强的寻优能力和更快的收敛速度,可以有效地解决课程时间表问题,并在实验中取得良好的效果[96]。2018 年,Junn 等人采用遗传算法对马来西亚沙巴纳闽国际学校(UMSLIC)的两个数据集进行了求解实验,取得了良好的排课方案[97]。

(4)确定性算法

对于这类组合优化问题,采用启发式算法的缺点是无法保证解的质量,而采用整数规划的分治策略可以避免这种缺陷。2004 年,Martin 使用整数规划方法解决了俄亥俄大学商学院的排课问题[98]。Qualizza 和 Serafini 提出了一种基于列生成的整数规划方法,每一列代表每周时间表的一门课程,主要问题包括房间占用率的约束和课程不重叠安排的约束,每个子问题都包含了单独课程的相关约束,因此可以创建单个课程的周时间表。该方法还采用了分支限定法来确保解的可行性[99]。Lach 和 Lübbecke 提出了一种两阶段的分解方法来解决乌迪内大学的基于课程的时间表问题,他们首先把课程安排到时段中,然后再为这些课程选择合适的房间,该方法被证明在解决该问题上非常有效[100]。

Cacchiani 等致力于改进基于课程的大学时间表的下界,他们通过把目标函数分解为两部分,每一部分设计一个整数规划的模型,并且通过列生成的过程来获得其解,最终通过将每部分的最优值相加而得到该问题的下界。通过与之前文献中取得的 2003 年与 2007 年的国际竞赛数据集的下界相比,这种方法被证明能够对当前取得的一些最好的下界有所改进,有些算例甚至可以获得最优解或近似最优解[101]。Santos 等人采用列生成方法对巴西高中时间表的数据集建立边界,赢得了 2011 年时间表大赛巴西组的冠军[102]。2017 年,Bagger 等人采用 Benders 分解法来求解基于课程的大学时间表问题,首先将问题分解为时间安排和房间分配问题,然后使用 Benders 的算法生成连接时间表和房间分配的切割。这里仅生成可行性切割,对于大部分的不可行解使用了一种启发式方法,以重新获得其可行性。该算法测试了 32 个数据实例,其中 23 个实例中获得了下界,而在其中 8 个实例中获得了更高的下界[103]。

(5)超启发式算法

近年来随着智能计算领域的发展,出现了一类被称为超启发式算法(hyper-heuristic algorithm)的新算法类型。超启发式算法提供了某种高层策略(high-level strategy,HLS),通过操纵或管理一组低层启发式算法(low-level heuristics,LLH),获得新启发式算法。这些新启发式算法被运用于求解各类 NP 难问题。在研究初期,该算法被称为选择启发式算法的启发式算法[104]。与其他启发式算法相比,超启发式算法的目的在于可以获得一类问题相对优秀的解,而不是仅追求一两个问题的最好解。

Burke 等人在 2002 年的一篇论文中提出了一种基于案例的超启发式算法来解决考试时间表问题。他们旨在通过重复使用先前在其他案例中取得较好结果的启发式算法的相关经验，来达到快速解决其他类型的时间表问题的目的。他们研究了基于案例的选择启发式算法的知识发现方法，以预测哪种启发式算法在解决当前问题时效果最佳，并且研究了在解决考试时间表问题的过程中选择的启发式算法以什么样的顺序出现最好。实验结果表明，先前的经验知识有助于帮助选择更好的启发式算法，并能够指导问题解决的过程，从而获得更高质量的解[105]。

Pillay 实现了一种进化超启发式搜索方法，从包含最大度、最大加权度、饱和度和最高代价启发式的低层构造启发式集合中选择构造启发式组合空间[106-108]。Kalender 等人提出了一种超启发式算法来解决第三次国际时间表竞赛(ITC 2011)中的高中时间表数据集问题。该算法使用贪婪梯度方法来选择启发式算法，对于当前的求解问题，根据每种启发式算法的表现性能使用贪婪梯度方法选择合适的启发式方法，这些启发式方法包括交换、拆分、合并或重新安排资源等七个低层变异启发式方法，然后才用模拟退火算法进行局部搜索[109]。

2015 年，Lei Yu 等人结合超启发式算法和进化策略来解决考试时间表问题。首先，采用四种图着色启发法来构造启发式列表，在进化算法框架内，利用迭代初始化来改善群体中的可行解；同时，应用交叉和变异算子在启发式空间中寻找潜在的启发式列表(高级搜索)；最后，结合两种局部搜索方法来优化解空间中的可行解(低级搜索)[110]。

传统的选择超启发式方法专注于单个或成对的低级启发式方法可以为优化带来的改进。这些方法的任务是为优化中的给定点选择最合适且性能最佳的启发式算法。目前对该任务已提出了许多方法，包括简单随机超启发式、选择函数超启发式以及 Burke 等人提出的其他方法。而搜索操作的有效性在某种程度上是由在其之前执行的操作来决定的。2017 年，Kheiri 等人扩展了生物信息学和语言处理中关注上下文特征这一关键的原则，以研究在搜索和优化问题中分析操作序列的可能性，以构建良好启发式组合的构建块。这项工作研究和分析了两种基于序列的方法的性能,这两种方法分别是简单的固定参数化方法和隐马尔可夫模型(HMM)方法,实现具有固定参数化序列大小的超启发式,以允许对序列长度进行实验并发现关于可从每个这样的序列获得的信息。该方法对一组高中排课问题进行了实验验证,结果显示超启发式的选择策略比移动接受方法更重要[111]。这些启发式序列能够在启发式的单个应用程序上提供改进的性能,并且使一些问题实例受益于使用按顺序协同工作的多个启发式类型,优先考虑能够在搜索结束时生成更好解决方案的启发式方法比不使用的方法更好,有效的通用搜索方法在解决高中时间表问题方面表现优于现有最新方法。

3.2.2　国内研究现状

1949 年 12 月,教育部第一次全国教育工作会议上,初步确立了我国中小学新课程体系,标志着全国统一教学大纲、统一教学计划与统一教科书的"大一统"课程模式的形成。在此阶段的参考文献中,可看到有少数老师或教务人员根据自身多年排课的工作经验,对当时的中小学的手工排课问题进行了具体分析与研究[112-113]。20世纪 80 年代,随着我国教育制度发展日益成熟以及计算机的出现,有学者提出使用计算机来取代人工排课。1981 年,大连工学院的张清绵和郜荣春首先提出了排课的数学模型,并根据约束条件和和规定的优先原则来构造算法编制程序。该方法对学院的排课问题进行了实验,得到了不错的结果[114]。但对于班级间复杂的跨课问题,计算机的排课结果可能不如人工排课合理。这是我国有记录以来的利用人工智能的方法进行排课问题求解的首次尝试。1983 年,西南交通大学的研究生全大克根据我国大学教育的具体情况提出了一个大学排课问题的实用算法,该算法首先采用布尔矩阵的乘法解决了冲突班的问题,然后利用解拟网络流图和对半检索的算法对具体课进行教室分配,将算法复杂度从 $O(N^3)$ 降为 $O(N_L \log_2 N_L)$,N_L 为某系部某类教室的数目[115]。1984 年,清华大学的林漳希和林尧瑞利用基于二部复图匹配原理开发了一个课表编排系统 TISER,并在两组数据上做了课表试排,实验表明,该方法具有一定的可行性[116]。此后的十几年中,在设计排课系统方面陆续有一些学者做了一些探索,大都是依据人工排课的经验进行的系统设计,但数量较少,适用性也不高。到了 21 世纪初期,随着国外对排课问题研究的逐步深入,国内对于该问题的研究也逐渐步入高速发展时期,越来越多的方法被用来尝试解决排课问题,其中,使用较多的算法主要有以下几类。

(1)**直接启发式方法**

华中师范大学的陆峰、李欣借鉴资源分配和管理的思想,提出了一种适合于高中学校的根据优先级来自动排课的算法。该算法结合了课程优先级和轮回算法来进行排课,并对排课过程中的硬冲突进行了冲突检测,以保证所排课表的可行性。由于该算法仅考虑了高中的固定班级的排课情况,因此不适用于教室等资源流动性大的一些高等院校的情况[117]。陈雪芳提出了排课算法中三个级别的三级约束条件,建议对于一级约束(合法约束条件)交由计算机来完成,而二级约束(合理约束条件)和三级约束(合情约束条件)采用手动调整、计算机辅助的方法来实现。系统在提高手工排课效率的同时,具有很强的适应性和灵活性,但对人工操作的依赖性很大,未能最大化发挥计算机的智能效果,达到解放人力的初衷[118]。张德珍等人构建了以学生每周上课节次的均匀度与教师对上课时间的满意度为目标函数的优化模型,将排课问题转化为最大化该目标函数的问题。在求解过程中,将各约束条件转化为关系代数的关系运算,逐步缩小解空间范围,进而采用启发式策略进行优选。最后,将该方法应用在一个真实高校的排课问题上,验证了该方法的有效性[119]。

(2)**基于单点的优化算法**

20 世纪 90 年代末至 21 世纪初,越来越多的国内学者尝试采用基于单点的优化算法来求解排课问题。例如,2003 年,华中科技大学的刘继清和陈传波使用模拟退火算法进行优化排课[120];罗军提出了把动态规划和模拟退火算法相结合的方法,将其应用在中小学的排课问题上,排课效率较高[121]。詹亚坤等人提出了一种混合启发式算法来解决排课问题,首先采用图着色算法生成初始可行解,然后使用迭代局部搜索算法寻求最优解,局部搜索算法采用模拟退火算法,在迭代过程中,交替使用标准邻域和双肯普链邻域获得了较好的求解效果[122]。基于传统模拟退火算法不能回温,易陷入局部最优解的问题,高健等人提出了一种改进的模拟退火算法,在排课的退火过程中,适当对温度进行回温处理,可重新激活各状态的接受概率,使得算法能够跳出局部极小解。通过对改进前后的实验数据进行比较,可以看出改进的模拟退火算法的适应值比改进前的传统算法更低,证明了改进方法的有效性和可行性[123]。

王伟和余利华通过深入分析高校排课的实际情况,采用包含了贪婪法和禁忌搜索算法的混合算法来解决排课难题。该算法首先采用基于优先级的贪婪法来得到初始解,然后引入禁忌搜索算法得到全局较优解。算法设计充分考虑了排课过程中的实际问题,如课程合班、课程性质对排课时段的要求、对教师的特殊需求等,最后实现了原型系统可支持自动排课和交互式排课。该方法对浙江大学 2006 学年春夏学期 06 级排课数据进行测试,结果证明该方案具有可行性[124]。丁振国、赵红维结合了网络流算法和禁忌搜索算法,首先在预处理阶段使用网络流算法得到课程任务组集合,进而采用禁忌搜索算法为上课任务组分配合适的时间段,最后在教室分配阶段采用贪婪思想为课程匹配合适的教室。该方法对西安电子科技大学通信工程学院 2006 年下学期的真实课程数据进行了测试,得到比较满意的结果[125]。

(3)群体智能优化算法

群体智能优化算法也是国内近年来在排课问题上研究较多的一类方法,主要包括遗传算法、粒子群算法、蚁群和蜂群算法等。

彭复明、吴志健提出了一种基于多种群的遗传算法来解决排课问题。根据杂种优势理论,让多个种群同时进化,既可保持单个种群的纯洁度又可保持种群间的多样性,种群进化过程在较大迭代次数后才会有小概率事件跳跃基因的侵入;多种群间通过既竞争又合作的关系来搜寻全局最优解,能够大大提高算法的收敛速度。该算法通过对南京某高校的两组真实实验数据测试,验证了其的收敛性与高效率[126]。刘仁诚、冯秀兰通过改进传统的遗传算法,提出基于最优个体替换策略和优势群体有限策略建立排课优化求解模型和约束满足模型,通过对某大学 2011 年第二学期的实验数据分析得出,数学模型切实有效,能够显著提高排课效果[127]。为了提高智能排课算法的效率和成功率,马海滨提出一种改进的遗传算法来求解问题。该算法对遗传算法的编码方式进行了改进,采用自然编码来代替二进制编码;由于固定的交叉和变异会减少种群的多样性,因此采用自适应操作,这样可以加快收敛速度,防止陷入局部最优[128]。

吴瑕、蒋玉明提出了一种基于免疫量子概念的粒子群智能优化算法。其主要思想是把抗体比作粒子群中的粒子,将免疫记忆机制引入粒子生成的过程中,在迭代过程中,依靠抗体的浓度来指导粒子种群的移动。其仿真实验表明,该算法能较好地解决智能排课实际问题[129]。罗义强、陈智斌采用一种将前行检测算法融合到粒子群算法来解决高校课程编排问题的方法。粒子群前行检测算法中的前行检测阶段对粒子群算法阶段产生的解进行了验证,当遇到无效解时就通过约束处理来寻找有效的解,从而显著地减少搜索空间[130]。

董永峰等人针对原有蜜蜂交配算法杂交信息量小、蜂群多样性少、勘探能力不足的问题,对蜜蜂交配算法进行了改进,采用两种邻域并集的爬山策略扩大搜索空间。该改进算法较原有算法具有更好的收敛精度和收敛速度[131]。

3.2.3　存在问题

综上所述,当前普遍采用的各种启发式算法均有各自不同的优缺点。例如,蚁群算法有利于扩大搜索范围,但局部寻优能力较弱,且计算往往过于耗时;模拟退火算法具有较强的局部寻优能力,但在搜索的广度上表现欠佳;混合算法能够相互取长补短,但混合算法中如何实现不同算法之间的有效耦合常常是一个棘手的问题,需要对各种算法进行深入的研究和大量的实验。现有方法在求解效率和求解质量方面仍存在较大的改进空间。

此外,相对于数学模型已经成熟的 UCTP 问题,新高考下的走班制排课问题还处于探索发展阶段,还没有系统完整的数学模型;加之走班排课问题难度大,涉及的相关算法研究更少。深入分析影响走班排课问题的相关因素及多种约束条件,设计科学合理的排课质量评估标准,也是研究走班制排课问题的一项重要工作。

3.3　教育时间表复杂性分析

本书所研究的教育时间表问题,在 20 世纪 70 年代就已被证明其不仅是 NPC

问题,同时也是 NPH 问题。判断一个问题是否是 NPC 问题,通常只要把这个问题与已经被证明为 NPC 的问题联系起来,通过判断两者的关系来界定该问题是否是 NPC 问题。

Even 等人和 Garey 等人分别通过将时间表问题转化为图着色问题,证明了其是 NPC 的[51,132]。1996 年,Cooper 和 Kingston 通过图着色问题、装箱问题等著名的 NPC 问题来对不同类型的教育时间表问题进行多项式有界转换,证明了现实生活中存在的许多教育时间表问题都是 NP 完全的[133]。下面简要介绍将简单教育时间表问题转换为图着色问题(graph colouring)的过程[134]。

图着色问题:给定一个无向图 $G=(V,E)$,其中 V 为顶点集合,E 为连接不同顶点的边的集合,NPH 图着色问题即为 V 中的每个顶点分配一个颜色,使得:(a)没有一对具有公共边的顶点被分配相同的颜色;(b)所使用的颜色的数量是最少的[132]。

图着色问题与教育时间表问题之间的转化可以描述为:给定一个简单无向图,将每节课视为一个顶点,将每对不能同时安排到一个时间段的课之间用一条边连接(例如,该课同属一个课程,或由同一名教师讲授,或包含相同的学生),每个时间段对应一种颜色。目标是尝试找到一种使用的颜色数不多于可用时间段的解决方案,如图 3.2 所示。该问题的核心是给每个顶点分配一种颜色,这样相邻的顶点就需要分配不同的颜色。此外,对每种颜色的最大使用次数进行限制,将其设置为等于可用房间的数量。

从图 3.2 中我们可以直观观察到一个很重要的问题特征——“团”(cliques)问题。“团”指的是相互相邻的顶点的集合,例如图 3.2 中的顶点 1、3、4、6 和 7,构成了一个大小为 5 的团。可以反映出真实世界的教育时间表问题的图着色问题通常包含大量的“团”,即现实中通常存在大量不能同时安排的事件(例如,同一年级的学生选择了很多相同的必修课,这些包含了相同学生的必修课就不能安排在相同的时段中)。在等价图着色问题中,这些事件的顶点将形成一个团,并且很容易理解这个团中的所有顶点必须被分配不同的颜色(或者等价地,所有顶点对应的事件需要被分配到不同的时间段)。

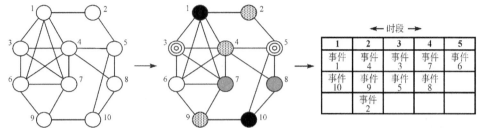

（a）给定一个简单时间表问题，首先将其转换成等价的图着色问题（此例中，尝试安排10个事件/颜色，10个顶点）

（b）以某种方式为该问题实例找到一个解决方案（该问题的解为最少颜色数，即5）

（c）可以将图着色解决方案转换回时间表的有效表达，其中每种颜色表示一个时段。这样做，没有相邻的顶点对（即冲突事件）被分配到相同的时间段

图 3.2　图着色问题与简单时间表问题(仅考虑事件冲突约束)之间的关系[134]

　　值得注意的是,只有包含相对简单的约束条件的教育时间表问题才能转换为图着色问题。事实上,当考虑到现实世界的其他各种约束条件时,简单的图形着色模型通常是不够的。无论如何,几乎所有的教育时间表问题在其定义中都以某种形式突出了底层图着色问题。当前许多时间表算法确实使用从这个基础问题中提取的各种启发式信息作为搜索时间表解决方案的驱动力。

　　在实际应用中,除了本书所研究的教育时间表问题之外,很多领域都存在着大量的 NPC 或 NPH 问题,如并行机调度问题、芯片设计中的布局布线问题、车间作业调度问题、蛋白质结构预测问题,等等。多年的研究进展表明,试图对所有问题寻求获取精确最优解的多项式时间复杂度算法是不现实的,客观上根本就不存在对整个解空间既完整又快速的求解算法。研究者已逐步放弃了寻找这样的理想算法,从实质上宣告公理化体系在此类问题上的无能为力。因此,采用启发式算法求解 NPC 和 NPH 等问题就显得尤为重要。下一章中,我们将具体介绍当前求解 NP 完全问题的常见优化算法。

第 4 章　面向 UCTP 简化模型的求解算法

UCTP 问题是一个典型的 NPC 问题,无法通过确定性算法对其快速求解,在许多情况下,元启发式算法是解决复杂优化问题最有效的方法。迭代局部搜索算法具有元启发式算法的许多理想特性:简单、易于实现、健壮和高效。

在本章中,针对一个难度较大的 UCTP 简化模型(仅考虑"硬冲突"约束条件),根据高校时间表问题的具体问题相关特性,设计高效的启发式策略,提出混合迭代局部搜索算法,并在一个包含了 60 个算例的 Benchmark 上对提出算法的有效性进行实验验证。

4.1　引言

时间表问题是指安排一组事件(带有一定特征)到给定数量的资源(时间、房间等)中,并确保满足一组预定义的约束。在不同领域,时间表问题有着不同的应用,如教育时间表问题(课程及考试时间表问题)[135]、体育时间表问题[136]、护士排班问题[137]、运输时间表问题[138],等等。在本章中,我们主要研究教育时间表问题中的一类典型问题——基于课程的大学时间表问题(university course timetabling problem,UCTP)的简化模型[139],该简化模型为仅包含硬冲突的 UCTP 问题。

在 2002 及 2007 年,由 PATAT 分别发起了第一届和第二届国际时间表大赛,两届大赛都将 UCTP 作为大赛的唯一主题。其主要目的是创建一个公认的基准问题来促进对该问题的研究,从而缩小研究和实践之间的差距。UCTP 是将课程、学生和老师分配到一组给定的时间段和教室资源中,并且要尽可能满足学校或教育机构的各种约束要求[140]。这些具体的约束可以分为两类:硬约束和软约束。那些在任何情况下都不能违反的约束被称为硬约束,而软约束则是指原则上可以违反,但应使这种违反尽可能最小化。一个满足了所有硬约束的时间表称为可行时间表。

UCTP 在 20 世纪 70 年代就被证明是一个 NP 难问题。通过第 2 章的计算复杂度分析可以得知,精确算法只能在一个合理的时间内解决规模较小的问题实例。因此,对于这类大规模组合优化问题,大多数研究主要集中在快速近似启发式算法和元启发式算法上,主要包括基于图着色的构造方法、禁忌搜索、模拟退火算法、遗传算法、蚁群算法、神经网络等。值得注意的是,在这些算法中,模拟退火算法不仅是一个容易实现且通用性强的算法框架,而且也被证明是一个求解 UCTP 问题的十分有效的方法。例如,第一届国际时间表大赛的第一名和第二届时间表大赛的三个小组的第一名均采用了基于模拟退火的算法。两届大赛的相关介绍及参赛获奖算法介绍可参看参考文献[141,142]。

在许多情况下,对于 UCTP 问题的求解通常采用两阶段算法:第一阶段是构建一个可行解,第二阶段是在此可行解的基础上尽可能减少软约束的违反值。通常,时间表问题可以转化为一个图着色问题,对于大多数的 UCTP 问题来说,构建可行解并不是一个困难的问题。因此,大多数求解 UCTP 的算法主要聚焦于最小化软约束的违反上。

最近,Lewis 等人提出了一组包含 60 个算例的数据集,该数据集的硬约束求解难度远大于两届时间表大赛的数据集。Lewis 指出传统的基于序列的技术只能解决该数据集的一部分测试算例[143],创建这些难度较大的测试数据集的目的是当求解算法聚焦于仅解决时间表问题的硬冲突时,可以对不同算法的性能进行更公平的比较[144]。对于该数据集,目前已有学者提出了几种不同的算法来构建它们的可行解。Lewis 等人提出了一种基于组的遗传算法(GGA)和一个单阶段局部搜索启发式算法(H)[143]。Tuga 等人提出了一种新颖的混合模拟退火算法(HSA)[145]。刘永凯等人开发了一个基于团的算法,其最大的特点是基于团的重组算子和用最大匹配算法进行房间分配[146]。Mühlenthaler 等人采用基于事件插入的启发式策略来寻找可行解[147]。Ceschia 等人应用基于模拟退火的元启发式算法来解决这个问题[148]。最近，Qaurooni 等人提出了一个混合了局部搜索与遗传算法的文化基因算法（MA）[144]。然而，到目前为止，仍没有一种算法能找到所有 60 个算例的可行解。因此，直到今天，这组由 Lewis 等人创建的测试数据集仍然是一个可以用来评估不同算法性能的具有挑战性的基准测试集。

在本章中，我们提出了一个迭代局部搜索算法（iterated local search，ILS）。算法在 Lewis 60 数据集上进行测试，并将计算结果与文献中另外七个求解该问题的算法进行比较。计算结果表明，我们的算法可以获得 58 个算例的可行解，比之前的最高记录多了 3 个。此外，尽管两个大规模算例的可行解还未找到，但我们的算法大大改进了这两个算例的上界。

4.2　问题定义

UCTP 问题是将一组事件（课程）在满足一定约束的情况下安排到合适的房间和时段（一周课表）中。一般来说，同时满足了硬约束和软约束的时间表称为问题的最优解。在这里，我们研究了一种特殊的 UCTP 问题——仅需考虑解决问题的硬约束。一个时间表的可行解是指满足了硬约束 H_1—H_3[145]。

H_1：所有课程都应该安排到合适的时段和房间。

H_2：相同的学生不能在同一时段被安排到两门或两门以上的课中。

H_3：相同的时段和房间不能同时安排两门课。

构建一个可行的时间表是本研究的主要目的。为了获得一个更精确的目标函数以便设计更高效的算法，我们将必须满足 H_1—H_3 三个硬约束的排课问题转换成松弛了部分硬冲突 H_1 的 UCTP$_1$ 问题，即将硬冲突 H_1 转化成一个新的硬约束 H_1' 和一个软约束 S_1。软约束 S_1 是指将所有课程分配到时间表的条件不是必须的，但应最小化其违反值。与 H_1 相比，H_1' 关注的是课程的房间要求。例如，对于时间表中的每一个课程，它应保证被安排到一个符合要求的房间；而暂时无法安排的课程，我们可以先考虑不安排。UCTP$_1$ 的数学模型表述如下。

该优化问题包含一组课程 $E=\{e_1,e_2,\cdots,e_n\}$，需要分配到给定的一组房间 $R=\{r_1,r_2,\cdots,r_m\}$ 和一组时段 $P=\{p_1,p_2,\cdots,p_t\}$ 中。每个课程有特定的特征需求，必须安排到能够满足其特征需求的房间中。解 X（时间表）通过一个 $m\times p$ 的矩阵来表示。x_{ij} 对应于课程分配的房间 r_i 和时段 p_j。如果没有课程分配到房间 r_i 和时段 p_j 中，x_{ij} 赋值为 -1。对于解 X，保证硬约束 H_2 和 H_3 不违反。表 4.1 列出了各种变量的数学符号和定义。

表 4.1　UCTP$_1$ 和后续算法的问题公式化描述

变量	表示含义
n	待安排课程数量
m	房间数量
s	学生数量
t	一周时段数量
E	课程集合，$\boldsymbol{E}=\{e_1,\cdots,e_n\}$，$|\boldsymbol{E}|=n$
E_i	分配到时段 p_i 中的课程集合
$\bar{E}$	未分配课程集合
R	房间集合，$\boldsymbol{R}=\{r_1,\cdots,r_m\}$，$|\boldsymbol{R}|=m$
P	时段集合，$\boldsymbol{P}=\{p_1,\cdots,p_t\}$，$|\boldsymbol{P}|=t$
ST_{e_i}	参加课程 e_i 的学生集合
F_{r_i}	房间 r_i 的特征集合
F_{e_i}	课程 e_i 需要的特征集合
con_{ij}	课程 e_i 和 e_j 是否存在学生冲突 $$con_{ij}=\begin{cases}0,\mathrm{if}\,(ST_{e_i}\bigcap ST_{e_j}=\varnothing),\\1,\mathrm{othertwise}.\end{cases}$$
x_{ij}	被安排到房间 r_i 和时段 p_j 的课程
X_j	时间表的第 j 个时段，例如 $X_j=\{x_{ij}\,|\,i=1,\cdots,m\}$
D_i	课程 e_i 的度，如与 e_i 有相同学生的课程的数量 $D_i=\sum\limits_{j=1,j\neq i}^{n}con_{ij}$
$student(E_i)$	集合 E_i 中参加课程的学生总数，$student(E_i)=\sum\limits_{j=1\wedge e_j\in E_i}^{n}STe_j$
$degree(E_i)$	集合 E_i 中所有课程度数，$degree(E_i)=\sum\limits_{j=1\wedge e_j\in E_i}^{n}D_j$

根据表 4.1 的变量定义,UCTP$_1$ 问题的一个候选解可公式化描述如下:

H_1':房间约束:$\forall x_{ij} \in X, x_{ij} = e_k,$

$$Fe_k \subseteq Fr_i$$

H_2:学生冲突:$\forall x_{ij}, x_{kj} \in X, x_{ij} = e_u, x_{kj} = e_v,$

$$con_{ij} = 0$$

H_3:解的表达方式不会出现违反房间约束的情况。

S_1:未分配事件:$\forall e_k \in E,$

$$f(\boldsymbol{X}) = |\overline{\boldsymbol{E}}| = \sum_{e_k \in E} z(e_k) \tag{3.1}$$

其中,

$$z(e_k) = \begin{cases} 0, \text{if } \forall x_{ij} \in \boldsymbol{X}, x_{ij} = e_k, \\ 1, \text{otherwise}. \end{cases}$$

$z(e_k)$ 表示课程 e_k 是否已被分配到时间表中。1 表示已分配,0 表示未分配。

定义 3.1　部分可行解　为一个解没有违反任何硬约束 $\boldsymbol{H_1'}$,$\boldsymbol{H_2}$ 和 $\boldsymbol{H_3}$,软约束 $\boldsymbol{S_1}$ 的违反值并不一定为零。

定义 3.2　可行解　满足了所有硬约束 $\boldsymbol{H_1'}$、$\boldsymbol{H_2}$、$\boldsymbol{H_3}$ 和软约束 $\boldsymbol{S_1}$ 的解。

从现在开始,该问题主要目标为求解 UCTP$_1$ 问题。根据上面的公式和定义,可以用软约束惩罚函数 $f(\boldsymbol{X})$ 来评估一个部分可行解的质量,该评价标准与之前文献[143-148]中评价标准一致,以便于算法之间进行更公平的比较。UCTP$_1$ 问题的目标是在搜索空间的所有解 $\boldsymbol{X}$ 中找到一个最优的部分可行解 $\boldsymbol{X'}$,使得 $f(\boldsymbol{X'}) \leqslant f(\boldsymbol{X})$。显然,对于一个解 $\boldsymbol{X^*}$,$f(\boldsymbol{X^*}) = 0$ 代表 UCTP 问题的一个可行解(最优解)。

4.3　基于 ILS 的求解算法

4.3.1　算法框架

ILS 算法的基本步骤可具体描述为:首先采用贪婪启发式算法获得一个初始解

X,然后采用模拟退火算法局部寻优 X',当获得局部最优解时,利用基于改进的扰动策略对当前局部最优状态进行适当扰动,然后将扰动后的当前解作为初始解进行迭代。当 $f(X^*)=0$ 或达到预定时间,则算法终止。

算法 4.1　ILS算法框架伪代码描述

1. **Input** I:UCTP 算例;

2. **Output**:当前最好解 X^*;

3. $X \leftarrow$ Initial_Solution ()　　　 /＊3.3.2 节构建初始解＊/

4. repeat

5. $X' \leftarrow$ 基于 SA 局部搜索(X);　　 /＊3.3.3 节基于 SA 局部搜索＊/

6. $X \leftarrow$ improvement_perturbation (X');　　 /＊3.3.3 节改进扰动阶段＊/

7. if $f(X) \leqslant f(X^*)$

8. $X^* \leftarrow X$

9. **end if**

10. **until** 满足停止条件;

4.3.2　构建初始解

给定一组未分配事件和一个空时间表,使用贪婪启发式算法生成一个初始解,即在不违反硬约束 H_1'、H_2 和 H_3 的情况下,把尽可能多的课程安排进时间表中。根据我们的算法,依次初始化空时间表的每一个时段(时间表的每一列,代表每周同一天的相同时段),以时段 p_i 为例(假设 p_i 为每周一的第一节课时间段),p_i 的初始化过程如图 4.1 所示。最初,$\bar{E}=E$,$E_i=\varnothing$(即此时没有课程被安排进该时段),此时段的每个房间设为-1,如图 4.1(a)所示,然后从未安排课程集 $\bar{E}$ 中随机选取一个与已分配到该时段的所有其他课程不存在学生冲突的课程,放进该时段 E_i。此时,$\bar{E}=\bar{E}-\{e_j\}$,且 $E_i=E_i\bigcup\{e_j\}$。重复这个过程,直到没有事件可以添加到 E_i 且不违反硬冲突 H_2(学生冲突)。该过程结束,$E_i=\{e_4,e_1,e_3,e_8,e_2\}$,如图 4.1(b)所示。之后,采用文献[149,150]中提出的一种最大匹配算法来进行房间匹配,从图 4.1(c)可以看出,e_3、e_1、e_8 已经成功匹配了一个房间,而未匹配成功的事件将从 E_i 中删除,$\bar{E}$

$= \bar{\boldsymbol{E}} \bigcup \{e_4, e_2\}$。

用这种方法初始化所有时段后,可得到一个初始的部分可行解(仍有一些课程未能安排进时间表,而时间表中已安排的课程无硬冲突)。有少数几个简单的测试算例,可以很容易地得到合法的初始解,即在初始化阶段就可以将所有课程都无冲突地安排进时间表,可直接得到该样本的可行解(也是最优解),即 $\bar{\boldsymbol{E}} = \varnothing$。对大多数样本来说,此阶段之后,仍会有一些课程未被安排而留在未安排课程集合 $\bar{\boldsymbol{E}}$ 中,我们将在接下来的步骤中对其进一步优化。

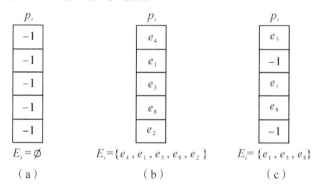

图 4.1　一个时段 p_i 的初始化过程

4.3.3　局部搜索

局部搜索阶段采用模拟退火算法。模拟退火算法是一种元启发式算法,它是通过类比物理学中的固体退火原理而发展起来的[151]。根据该算法,如果发现一个候选解优于当前解,则将该候选解更新为当前解;如果候选解比当前解差,则根据概率接受该候选解。在某些情况下,接受退化解使得 SA 可以逃离局部最优。从实际来看,对于许多复杂组合优化问题,这种方法通常可以得到一个较为优秀的解。相关综述和详细介绍可参考文献[152,153]。

在本节中,我们将重点讨论基于 SA 的局部搜索算法。该算法基于一个新的邻域结构和待解问题的相关特性,并引入两种不同的退化解接受准则,设计了一种新的冷却方案,即对两种不同的接受准则采用不同的冷却速率。

(1)邻域结构

对于 UCTP₁ 问题,我们在算法中使用了不同的邻域结构。解 X 的邻域 N 是由所有的重构移动组成。一个重构过程包括三个步骤:首先,从一个时段 p_i 中随机挑选一个课程移出到未分配课程集 $\bar{E}$ 中,然后将待分配集中的所有与 p_i 时段中的其他课程无学生冲突的课程依次放入该时段中,直到放满为止(此时不考虑房间是否匹配),最后用最大匹配算法为该时段匹配房间;未成功匹配的课程依然移回 $\bar{E}$ 中。这样,就可得到一个新的候选解 X'。

(2)候选解接受准则

对于候选解的接受准则,我们设计了三种不同的情况。未分配进时间表的事件总数代表解的目标值,通过计算当前解和候选解之间的差值 Δ 来决定是否接受该候选解。具体来说,如果重构发生在时段 p_i,那么 $\Delta = |E'_i| - |E_i|$,注意,Δ 为正整数。如果 $\Delta > 0$,我们将接受候选解作为当前解,因为代表此时有更多的课程被安排进时间表;否则,如果 $\Delta < 0$,代表该候选解为退化解,我们将按 $\exp(\Delta/T_1)$ 的概率接受该候选解。T_1 表示当前温度。

对于 $\Delta = 0$ 的情况,此时代表重构前后时段 p_i 的课程总数没有发生变化,但通过比较我们可以发现,尽管该时段课程数没有增加或减少,但所含课程却有可能发生了变化。具体来说,在 p_i 时段中所有课程的学生总数和该时段所有课程的度总数会发生变化。根据基于问题特性的策略,一个课程的度越大,代表该课程与其他课程的冲突越大、越难安排,因此应该优先考虑安排度越大的课程。同样的,一个拥有更多学生的课程会更大概率上与别的课程产生冲突,对于这类课程,也应该优先考虑安排。相应的,时段 p_i 中由学生总数和课程度变化所产生的差值的计算公式为: $\Delta_{st} = student(E'_i) - student(E_i) + degree(E'_i) - degree(E_i)$。如果 $\Delta_{st} \geqslant 0$,那么新的候选解将被接受,否则,将按概率 $\exp(\Delta_{st}/T_2)$ 接受。在 5.3.1 节,我们将具体分析在退化解接受准则方面,考虑 $\Delta = 0$ 和 $\Delta < 0$ 的多接受准则比仅考虑 $\Delta < 0$ 的单一准则使算法具有更明显的优势。

(3)SA 局部搜索过程

一般来说,模拟退火算法主要通过几个关键因素,包括初始温度、每层温度下的迭代次数、冷却率和终止温度来指导搜索过程。当得到全局最优值或最终温度"充分小"时,搜索将终止。冷却进度表是影响算法的关键因素。如果温度下降太快,搜索过程就会过早收敛;相反,如果温度下降太慢,算法的收敛速度也会很慢。在我们的算法中,采用了文献[154]中的冷却公式

$$T \leftarrow 1/(1/T) + \delta$$

其中,δ 是一个小的正数。

我们设计了一个改进的 SA 算法。具体过程为:从一个初始解开始,在每个温度下迭代 L 次(第 5—21 行)。在每次迭代开始时,首先对所有时段的顺序进行随机排列 Π_p,然后按照此时的顺序对时间表时段逐次进行重构操作。对所有时段进行随机排列是为了使搜索多样化,防止每次重构都从相同的时段开始(例如每次从时间表第一列开始),避免过早收敛。一个时段的重构过程及对退化解的接受准则我们已在之前部分详细阐述。注意,由于局部搜索算法对退化解采用了两种不同的接受准则,因此在此过程中采用了两个初始温度(T_1, T_2)和两个冷却率(第 15,23 行),以便于对搜索过程实现更精确的控制。在算法终止条件上,我们没有使用较低的温度来终止 SA 搜索,而是提供了一个预先定义的循环数 tl 来控制温度的迭代(第 3、4、22 行)。一旦发现全局最优($E = \varnothing$),或者达到迭代次数 tl,局部搜索阶段 SA 终止。

算法 4.2　局部搜索部分的算法伪代码描述

1. **Input**:一个部分初始解 X

2. **Output**:Local minimum X*

3. 初始化 tl, L, T_1, T_2

4. **while**($\bar{E} \neq \varnothing \wedge tl > 0$) do

5. **for** $l \leftarrow 1$ to L

6. 随机扰动当前 p 时段的顺序 Π_p of P

7. **for** $i \leftarrow 1$ to t

8. $X_i \leftarrow$ the ith item of Π_p

9. $\boldsymbol{X_i^c} \leftarrow \boldsymbol{X_i}, \boldsymbol{E_i^c} \leftarrow \boldsymbol{E_i}$　　　/ * keep a copy of X_i and E_i * /

10. 随机选择一个课程 $e_k \in X_i$，将课程 e_k 从集合 X_i 和集合 E_i 中移除

11. **for** $j \leftarrow 1$ to $|\bar{E}|$ **do**

12. 选择课程 $e_j \in \bar{E}$，如果 e_j 与 E_i 中其他课程无学生冲突,将其插入 E_i

13. **end for**

14. X_i' and $E_i' \leftarrow$ 最大匹配算法安排房间 $maxmatch(E_i)$

15. 计算 Δ 和 Δ_{sf},产生 $0 \sim 1$ 的随机数 $[0,1]$

16. **if** $\Delta > 0 \vee [\Delta < 0 \wedge r < \exp(\Delta/T_1)] \vee (\Delta = 0 \wedge \Delta_{sf} \geqslant 0) \vee [\Delta = 0 \wedge \Delta_{sf} < 0 \wedge r < \exp(\Delta_{sf}/T_2)]$

17. $X_i \leftarrow X_i', E_i \leftarrow E_i'$

18. **else**

19. $X_i \leftarrow X_i^c, E_i \leftarrow E_i^c$ $/* \; restore \, p_i \, and E_i \, according \; to \; their \; copies \; */$

20. **end if**

21. **end for**

22. **end for**

23. $T_1 \leftarrow 1/[(1/T_1) + 0.2], T_2 \leftarrow 1/[(1/T_2) + 0.09], tl \leftarrow tl - 1$

24. **end while**

4.3.4 改进扰动阶段

从理论上讲,SA 是一个具有全局寻优能力的算法,但却无法保证在有限时间内获得全局最小值。为了进一步改进基于 SA 局部搜索所得到的解,我们在本节中提出了一个改进的扰动过程。

改进扰动(improvement_perturbation)策略的思想是在两个时段之间进行课程的交换,以便可以插入一些还未分配的课程。扰动的过程如图 4.2 所示,随机选择两个时段 p_1 和 p_3 进行课程交换。首先,从 E_1 中随机选取课程 e_1;然后将 e_1 放入 E_3 中,此时在时段 p_3 中与课程 e_1 有学生冲突的事件 (e_8, e_{10}) 被移出放入时段 p_1,如果课程 e_8 和 e_{10} 与 E_1 中的其他课程不存在学生冲突,并且在执行最大匹配之后,E_1 和 E_3 中的所有事件都可以分配到一个合适的房间(Room),那么我们称之为可交换移

动,并接受这次交换,否则拒绝该次交换。如果该次交换成功,我们将 $\bar{E}$ 中未分配的课程一个接一个地尝试放入 E_1 或 E_3,如果放入后没有违反硬约束 H_2,就把该课程真正放入。在此过程之后,再次对 E_1 和 E_3 使用最大匹配算法来匹配房间。从图 4.2(b)中可以看出,课程 e_1 从 p_1 移到了 p_3,而课程 e_8 和 e_{10} 从 p_3 移到了 p_1,并且在新时段中成功分配了房间。此外,以前未分配的课程 e_{77} 现在已经被插入到 p_3 中,这意味着解的质量得到了提高。注意,虽然该扰动策略在大多数情况下可能无法获得改进,但两个可互换时段之间的交换不会使当前的解更糟。实际上,它对当前的解进行了适度的扰动,由此可能为下一轮的迭代提供一个更有希望的开始。

	p_1	p_2	p_3	p_4	p_5
Room1	e_4	e_9	e_{10}	e_{18}	-1
Room2	e_1	-1	e_{26}	-1	-1
Room3	e_3	e_6	e_8	e_{36}	e_{23}
Room4	-1	e_7	e_{14}	-1	e_{44}
Room5	e_5	e_{13}	-1	e_{51}	e_{85}

（a）

	p_1	p_2	p_3	p_4	p_5
Room1	e_4	e_9	e_{77}	e_{18}	-1
Room2	e_{10}	-1	e_{26}	-1	-1
Room3	e_3	e_6	e_8	e_{36}	e_{23}
Room4	e_8	e_7	e_{14}	-1	e_{44}
Room5	e_5	e_{13}	e_1	e_{51}	e_{85}

（b）

图 4.2　改进阶段两个时段的课程交换示意图

实际上,对于两个时间段的交换,存在着多种交换方式,而每种交换都会导致不同的结果。例如,将两列所有课程尝试交换,然后从中选择结果最好的一个,可能会得到一个好的结果,但是这种策略在计算上过于耗时。因此,为了在解的质量和运行时间之间达到更好的平衡,实际将只进行 $m/3$ 次尝试,并选择最好的一次交换来更新这两个时段。我们将在 3.5.2 节中展示不同的交换策略对算法效率产生的影响。

为了获得更好的结果,需要尝试更多的循环次数和更多的两时段交换。

算法 4.3　改进扰动阶段的算法伪代码描述

1. **Input**：当前最优解 X

2. **Output**：扰动阶段后改进的最优解 X^*

3. Initialize Q and M　　 /＊Q 代表迭代次数 ＊/

4. **while**($\bar{E} \neq \varnothing \ \wedge \ Q > 0$) **do**

5. 随机选择 M 对时段待处理

6. **for** $j \leftarrow 1$ to $|M|$ **do**

7. $(p_i, p_j) \leftarrow k$th item of M

8. 时段 p_i 和 p_j 执行 improvement_perturbation 改进扰动操作

9. **end for**

10. $Q \leftarrow Q - 1$

11. **end while**

4.3.5 算法复杂度分析

对于启发式搜索算法,其算法的时间复杂度是一个需要重点关注的问题。在此,从所需安排和移动的课程事件数量来估计,分析 ILS 算法的计算复杂度。

设 NP 是课程事件数,D 是问题维度(由时段数 P、房间数 R 和约束数 C 决定)。在模拟退火算法中,由于降温过程的迭代数为 tl,等温过程的迭代数为 L,则基本局部搜索的时间复杂度为 $O(tl \cdot L)$。为保证等温过程交换的充分性,设置 $L = NP \cdot D$,因此,对于外层迭代数为 I 的 ILS 算法,其整体运行时间是 $O(I \cdot tl \cdot NP \cdot D)$。

此外,在模拟退火过程中,考虑候选解与当前解之间的差值 Δ 计算也需要运行时间。直接计算候选解分值并与当前解做比较相当容易,但复杂度非常高。由于候选解的计算由课程事件数和问题维度所决定,其时间复杂度为 $O(NP \cdot D)$,随着事件数和问题维度的增加,复杂度会更快增加。这样,整个 ILS 算法的整体运行时间就会变成 $O(I \cdot tl \cdot NP^2 \cdot D^2)$。因此,在计算差值 Δ 时,通过仅计算参与交换的事件引起的分值变化代替全局的分值计算,可以有效地降低事件复杂性,使得整体 ILS 算法的时间复杂度保持在 $O(I \cdot tl \cdot NP \cdot D)$。随着降温过程的进行和接受解的差值的减少,所需的邻域移动进一步降低,受益于截断策略,算法的收敛速度将进一步提高,其最终时间复杂度为 $O[I \cdot \log(tl \cdot NP \cdot D)]$。

4.4　实验结果与分析

4.4.1　测试算例

我们对文献[143]中提供的 UCTP 问题实例进行实验来验证算法的有效性。虽然这些测试算例很难解决,但是每个算例至少有一个可行解。数据集共包括 60 个算例,可以分为三组:小规模样本组($200 \leqslant |n| \leqslant 225, |m| = 5$ 或 6),中等规模样本组($390 \leqslant |n| \leqslant 425, |m| = 10$ 或 11)和大规模样本组($1000 \leqslant |n| \leqslant 1075, 25 \leqslant |m| \leqslant 28$)。考虑到算法的随机性,每个算例独立运行 20 次。

表 4.2 给出了算法中重要参数的描述和设置。最后一列显示所有算例中使用参数的值。这些参数可以根据不同测试算例的特点进行调整,以获得更好的结果。然而在实验中,这些参数的值是固定的,证明了算法的鲁棒性和有效性。

表 4.2　重要参数描述和设置

参数	节	描述	设置值
tl	3.3.3	SA 中温度下的降次数	80
L	3.3.3	SA 中每个温度下迭代次数	1000
T_1	3.3.3	初始温度 ($\Delta < 0$)	30
T_2	3.3.3	初始温度 ($\Delta = 0$ 且 $\Delta_{sf} < 0$)	30
Q	3.4	改进扰动阶段迭代次数	300
M	3.4	扰动阶段随机选择交换的时段对数	$(n \times n)/10$

将 60 个算例的运行结果和文献中求解该问题的另外的 7 种算法进行比较,这 7 种算法包括:混合模拟退火算法(HSA)[145],基于团的启发式算法(CBA)[146],基于分组的遗传算法(GGA),单阶段局部搜索启发式算法(H)[143],基于模拟退火的元启发式算法(SA-M)[148],基于事件插入启发式算法(EIS)[147]和文化基因算法(MA)[144]。注意,在 MA 中有两个参数不同的 MA 变体,即 MA($rr=0.8, ls=0.5$)和 MA($rr=0.5, ls=0$)。

ILS算法用C++语言实现,在运行环境为 Pentium Ⅳ 2.66 GHz CPU 和 1.0 GB RAM 的 PC 上运行通过。其他几个比较算法的运行环境:EIS 为 3 GHz QuadCore CPU, SA-M 为 1.6 GHz i7 CPU,HSA 为 Pentium Ⅳ 3.2 GHz,其他四个比较算法为 Pentium Ⅳ 2.66 GHz 512 MB 或 1 GB RAM。

4.4.2 实验结果

表 4.3 分别给出了 ILS 算法和文献中另外 7 种算法在小(Small)、中(Medium)、大(Big)规模样本组(Group)算例上获得的可行解个数。在 Group 组列中,括号中给出了每组中的算例总数。从表 4.3 中可以看出,共有 5 种算法可以获得所有中、小规模样本组算例的可行解。然而,大规模样本组的算例更具有挑战性,目前文献中的最佳结果是 15,三组算例取得最好结果的算法为 CBA,共 55 个可行解;而 ILS 可以找到 18 个大规模算例的可行解。总的来说,ILS 算法可以在 60 个实例中找到 58 个可行解,明显优于目前文献中给出的所有比较算法的结果。

表 4.3 计算结果与三组实例的结果比较

Group	ILS	CBA	MA	GGA	H	HSA	EIS	SA-M
Small (20)	20	20	20	18	20	19	20	20
Medium(20)	20	20	20	15	16	17	20	20
Big (20)	18	15	14	5	7	14	12	13
Total	58	55	54	38	43	50	52	53

需要注意的是,对于表 4.3 中的所有比较算法,执行平台是不同的,它们在计算实验中使用的时间限制也是不同的。为了得到公正的比较,我们在计算实验中还采用了某些算法中作为停止标准的两组不同的时间限制标准:SET Ⅰ(对比组 Ⅰ)的三个规模样本组分别为 30 s、200 s 和 800 s,另外增加运行时间测试的三个规模样本组 SET Ⅱ(对比组 Ⅱ)分别为 200 s、500 s 和 1000 s。SET Ⅰ用于 GGA[143]、H[143] 和 CBA[146],SET Ⅱ仅用于 HSA[145],两组时间均用于 MA[144]。这样,就极大地保证了算法比较的公平性。由于 EIS 和 SA-M 的执行平台和实验条件与 ILS 和其他参考算法不同,并且实验结果也没有可比性,所以在下面的比较中不予考虑。

表 4.4—表 4.6 分别给出了三个规模样本组的算例的详细计算结果。每个表根据不同的时间限制被分为两大列。表中显示了这些算法对每个 Instance(算例)运行 20 次的平均结果和最佳结果。对于每个算例,括号内为最好值,括号外为平均值。为了评估算法的总体性能,我们给出了每种算法的统计分析参数,如 AVG(平均值)、STD(标准差)、CV(变异系数)、Minimum Feasibility(最佳可行解总数)、Maximum Feasibility(平均可行解总数)和 Best Performer(当前比较算法最好解总数)。有关统计参数的详细概念描述可参考文献[144]。

表 4.4　小规模算例组计算结果与算法比较

Instance	Set I (30 s)					Set II (200 s)		
	ILS	CBA	MA	GGA	H	ILS	MA	HSA
S1	0(0)	0(0)	0(0)	0(0)	0(0)	0(0)	0(0)	0(0)
S2	0(0)	0(0)	0(0)	0(0)	0(0)	0(0)	0(0)	0(0)
S3	0(0)	0(0)	0(0)	0(0)	0(0)	0(0)	0(0)	0(0)
S4	0(0)	0(0)	0(0)	0(0)	0(0)	0(0)	0(0)	0(0)
S5	0(0)	0(0)	0(0)	1.05(0)	0(0)	0(0)	0(0)	0(0)
S6	0(0)	0(0)	0(0)	0(0)	0(0)	0(0)	0(0)	0(0)
S7	0(0)	0.2(0)	0(0)	0(0)	0(0)	0(0)	0(0)	0(0)
S8	0(0)	0.3(0)	0.95(0)	6.45(4)	1(0)	0(0)	0.4(0)	1.9(0)
S9	1.1(0)	0.15(0)	0.1(0)	2.5(0)	0.15(0)	0.55(0)	0(0)	3.85(0)
S10	0(0)	0(0)	0(0)	0.1(0)	0(0)	0(0)	0(0)	0(0)
S11	0(0)	0(0)	0(0)	0(0)	0(0)	0(0)	0(0)	0(0)
S12	0(0)	0(0)	0(0)	0(0)	0(0)	0(0)	0(0)	0(0)
S13	0.3(0)	0(0)	0(0)	1.25(0)	0.35(0)	0.1(0)	0(0)	1(0)
S14	0.2(0)	0.7(0)	2(0)	10.5(3)	2.75(0)	0.05(0)	0.8(0)	5.95(3)
S15	0(0)	0(0)	0(0)	0(0)	0(0)	0(0)	0(0)	0(0)
S16	0(0)	0(0)	0(0)	0(0)	0(0)	0(0)	0(0)	0(0)
S17	0(0)	0(0)	0(0)	0.25(0)	0(0)	0(0)	0(0)	0(0)
S18	0(0)	0.7(0)	0.25(0)	0.7(0)	0.2(0)	0(0)	0(0)	0.45(0)
S19	0.45(0)	0(0)	0(0)	0.15(0)	0(0)	0.25(0)	0(0)	1.2(0)
S20	0(0)	0.15(0)	0.7(0)	0(0)	0(0)	0(0)	0(0)	0(0)

续表 4.4

Instance	Set I (30 s)					Set II (200 s)		
	ILS	CBA	MA	GGA	H	ILS	MA	HSA
AVG& STD	0.10& 0.26 (0&0)	0.11& 0.21 (0&0)	0.2& 0.5 (0&0)	1.14& 2.66 (0.35& 1.1)	0.22& 0.63 (0&0)	0.05& 0.13 (0&0)	0.06& 0.2 (0&0)	0.67& 1.57 (0.15& 0.67)
CV	2.6(0)	1.9(0)	2.5(0)	2.33(3.14)	2.86(0)	2.6(0)	3.33(0)	2.34(4.46)
Minimum Feasibility	20	20	20	18	20	20	20	19
Maximum Feasibility	16	14	15	11	15	16	18	15
Best Performer	17	14	16	11	15	18	18	14

表 4.4 显示了 ILS 算法和其他 5 种算法在小规模样本组算例上得到的运行结果。显然,这 6 种方法对于小规模算例都获得了具有可比性的结果,其中,ILS、CBA、MA、H 可以得到 20 个算例的可行解,MA 仅在平均可行解总数方面优于 ILS;然而,我们依然在两种时间限制内取得了最好的成绩。此外,我们可以看到,在较短时间组 SET I 中,ILS 的平均值和标准差均略优于之前的最佳结果(CBA)。

从表 4.5 中可以看出,对于中等规模样本组算例来说,这些算法之间的求解质量差异变得更大。只有 ILS、CBA 和 MA 三种算法能够获得中规模样本组所有 20 个算例的可行解。可以看出,在 200 s/500 s 内,ILS 可以很容易地达到 20 个算例的最优值。通过对两种时间约束下 ILS 性能的比较,可以看出,从均值、标准差、可行解、最佳表现等指标来看,ILS 的性能均优于其他指标,充分说明了提出方法的有效性。

表 4.5　中规模算例组计算结果与算法比较

Instance	Set Ⅰ (200 s)					Set Ⅱ (500 s)		
	ILS	CBA	MA	GGA	H	ILS	MA	HSA
M1	0(0)	0(0)	0(0)	0(0)	0(0)	0(0)	0(0)	0(0)
M2	0(0)	0(0)	0(0)	0(0)	0(0)	0(0)	0(0)	0(0)
M3	0(0)	0(0)	0(0)	0(0)	0(0)	0(0)	0(0)	0(0)
M4	0(0)	0(0)	0(0)	0(0)	0(0)	0(0)	0(0)	0(0)
M5	0(0)	0(0)	0(0)	3.95(0)	0(0)	0(0)	0(0)	0(0)
M6	0(0)	0(0)	0(0)	6.2(0)	0(0)	0(0)	0(0)	0(0)
M7	0(0)	3.55(0)	2.55(1)	41.65(34)	18.05(14)	0(0)	1.2(0)	4.15(1)
M8	0(0)	0(0)	0(0)	15.95(9)	0(0)	0(0)	0(0)	0(0)
M9	0.9(0)	2.15(0)	1.6(0)	24.55(17)	9.7(2)	0.65(0)	1.15(0)	4.9(0)
M10	0(0)	0(0)	0(0)	0(0)	0(0)	0(0)	0(0)	0(0)
M11	0(0)	0(0)	0(0)	3.2(0)	0(0)	0(0)	0(0)	0(0)
M12	0(0)	0(0)	0(0)	0(0)	0(0)	0(0)	0(0)	0(0)
M13	0(0)	0(0)	0(0)	13.35(3)	0.5(0)	0(0)	0(0)	0.5(0)
M14	0(0)	0(0)	0(0)	0.25(0)	0(0)	0(0)	0(0)	0(0)
M15	0(0)	0(0)	0(0)	4.85(0)	0(0)	0(0)	0(0)	0.05(0)
M16	0(0)	0.3(0)	0.45(0)	43.15(30)	6.4(1)	0(0)	0.05(0)	5.15(1)
M17	0(0)	0(0)	0(0)	3.55(0)	0(0)	0(0)	0(0)	0(0)
M18	0(0)	0(0)	0(0)	8.2(0)	3.1(0)	0(0)	0(0)	6.05(0)
M19	0(0)	0.3(0)	0.2(0)	9.25(0)	3.15(0)	0(0)	0.05(0)	5.45(0)
M20	0(0)	0.65(0)	0(0)	2.1(0)	11.45(3)	0(0)	0(0)	10.6(2)
AVG& STD	0.05& 0.20 (0&0)	0.35& 0.88 (0&0)	0.24& 0.66 (0.05& 0.22)	9.01& 12.78 (4.7& 10.0)	2.62& 4.88 (1.0& 3.1)	0.03& 0.14 (0&0)	0.12& 0.36 (0&0)	1.84& 3.07 (0.2& 0.52)
CV	4(0)	2.52(0)	2.75(4.4)	1.41(2.12)	1.86(3.1)	4.6(0)	3(0)	1.66(2.6)
Minimum Feasibility	20	20	19	15	16	20	20	17

续表 4.5

Instance	Set I (200 s)					Set II (500 s)		
	ILS	CBA	MA	GGA	H	ILS	MA	HSA
Maximum Feasibility	19	15	16	6	13	19	16	12
Best Performer	20	15	17	6	13	20	16	12

从表 4.6 中可以看出,对于大规模样本组,ILS 得到的结果与其他 5 种算法相比具有很强的竞争力。对于这 20 个难度较大的算例,ILS 可以找到 18 个算例的可行解,比之前文献中 CBA 的最好结果多出 3 个。此外,对于所有算法至今都无法获得可行解的两个难度最大的算例(B7 和 B19),ILS 大大提高了未分配课程的上界。显然,我们算法的平均值 AVG(3.12/3.05)和标准差 STD(8.66/8.54)均显著优于其他算法。同样,在可行解和最好值方面,ILS 同样也获得更好的结果。

综上所述,通过对当前文献中求解 Lewis 60 数据集的 7 个算法的比较,证明了本书提出的 ILS 算法的鲁棒性和有效性。

表 4.6　大规模算例组计算结果与算法比较

Instance	Set I (800 s)					Set II (1000 s)		
	ILS	CBA	MA	GGA	H	ILS	MA	HSA
B1	0(0)	0(0)	0(0)	0(0)	0(0)	0(0)	0(0)	0(0)
B2	0(0)	0(0)	0(0)	0.7(0)	0(0)	0(0)	0(0)	0(0)
B3	0(0)	0(0)	0(0)	0(0)	0(0)	0(0)	0(0)	0(0)
B4	0(0)	0(0)	0(0)	32.2(30)	20.5(8)	0(0)	0(0)	0(0)
B5	0(0)	3.2(1)	0(0)	29.15(24)	38.15(30)	0(0)	0(0)	1.1(0)
B6	0.45(0)	15.4(10)	69.05(54)	88.9(71)	92.3(77)	0.35(0)	66.6(52)	8.45(5)
B7	32.65(23)	46.65(39)	148.85(142)	157.3(145)	168.5(150)	32(22)	148.05(142)	58.3(47)
B8	0(0)	0(0)	0(0)	37.8(30)	20.75(5)	0(0)	0(0)	0(0)
B9	0(0)	0(0)	0(0)	25(18)	17.5(3)	0(0)	0(0)	0.05(0)
B10	0(0)	1.95(0)	0.6(0)	38(32)	39.95(24)	0(0)	0.7(0)	1.25(0)
B11	0(0)	2.35(0)	0(0)	42.35(37)	26.05(22)	0(0)	0(0)	0.35(0)

续表 4.6

Instance	Set I (800 s)					Set II (1000 s)		
	ILS	CBA	MA	GGA	H	ILS	MA	HSA
B12	0(0)	0(0)	0(0)	0.85(0)	0(0)	0(0)	0(0)	0(0)
B13	0(0)	0(0)	0(0)	19.9(10)	2.55(0)	0(0)	0(0)	0(0)
B14	0(0)	0(0)	0(0)	7.25(0)	0(0)	0(0)	0(0)	0(0)
B15	0(0)	0(0)	0(0)	113.95(98)	10(0)	0(0)	0(0)	0(0)
B16	0(0)	0(0)	0(0)	116.3(100)	42(19)	0(0)	0(0)	2(0)
B17	4.8(0)	2.05(0)	127.3(117)	266.55(243)	174.9(163)	4(0)	124.45(116)	89.9(76)
B18	0(0)	1.7(0)	120.5(107)	194.75(173)	179.25(164)	0(0)	118.75(107)	62.6(53)
B19	24.65(12)	53.2(40)	216.8(207)	266.65(253)	247.35(232)	24.55(12)	214.5(207)	127(109)
B20	0(0)	14.5(9)	117.7(111)	183.15(165)	164.15(149)	0(0)	117.35(111)	46.7(40)
AVG& STD	3.12& 8.66 (1.75& 5.53)	7.05& 14.98 (4.95& 11.86)	40.04& 67.45 (36.9& 63.31)	81.0& 86.33 (71.5& 80.3)	62.19& 78.52 (52.3& 72.6)	3.05& 8.54 (1.70& 5.34)	39.52& 66.69 (36.75& 63.22)	19.83& 36.94 (16.5& 31.5)
CV	2.77(3.16)	2.12(2.40)	1.68(1.71)	1.06(1.12)	1.26(1.38)	2.80(3.14)	1.68(1.72)	1.86(1.90)
Minimum Feasibility	18	15	14	5	7	18	14	14
Maximum Feasibility	16	11	13	2	5	16	13	9
Best performer	20	11	13	2	5	20	13	9

4.4.3　分析与讨论

(1)统计学分析

从表 4.4—表 4.6 可以看出,ILS 相对于其他算法的优势并不能通过变异系数 CV 的度量得到充分证明。为了进一步证明 ILS 和其他算法之间的差异具有统计学意义,我们进行了 Friedman 和 Iman-Davenport 检验,事后多重检验方法采用 Bonferroni-Dunn、Holm 和 Li,之后又利用 Wilcoxon signed-ranks 非参数统计检验分析实验结果（每个算例上运行 20 次的平均值）。

我们应用 Friedman 检验和 Iman-Davenport 检验来检测 ILS 和其他 5 种算法（$\alpha=0.05$，显著性水平）是否存在显著性差异，这两个测试的原假设 H_0 假定算法的结果是相等的。表 4.7 报告了 Friedman 检验和 Iman-Davenport 检验对 SET Ⅰ 和 SET Ⅱ 的 60 个算例的检验结果。

表 4.7　针对 60 数据集 SET Ⅰ 和 SET Ⅱ 的 Friedman 和 Iman-Davenport 检验结果（α＝0.05）

Instance	Friedman value	χ^2	p	Iman-Davenport value	F_F	p
Set Ⅰ	60.2767	9.4877	<0.0001	19.7878	2.4099	<0.0001
Set Ⅱ	11.1583	5.9915	0.0038	6.0486	3.0731	0.0032

Friedman 统计服从自由度为 4 的卡方分布，Iman-Davenport 统计服从第一自由度为 4、第二自由度为 236 的 F 分布。从表 4.7 中我们可以看出，由于 $p<\alpha$，可以拒绝空假设，两种测试均显示 ILS 算法与其他算法相比具有显著性差异。之后，我们用 Bonferroni-Dunn、Holm 和 Li 方法进行事后多重检验，以检验最佳算法（ILS）与其他对比算法之间的统计性差异。每个算法（all60）的 Average Rank（平均秩次）值和 Bonferroni-Dunn 测试结果如图 4.3 所示，Holm 和 Li 方法的 Post Hoc 比较结果如表 4.8 所示。

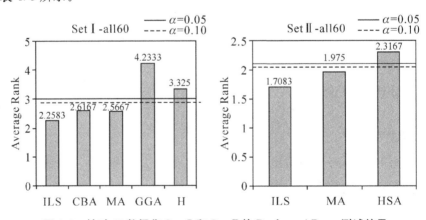

图 4.3　针对 60 数据集 Set Ⅰ 和 Set Ⅱ 的 Bonferroni-Dunn 测试结果

表 4.8　针对 60 数据集 Set Ⅰ 和 Set Ⅱ 的 Post Hoc 比较结果

Instance	i	algorithm	$z=(R_0-R_1)/SE$	p	Holm	Li
	4	GGA	6.841601	0	0.0125	0.037607
	3	H	3.695042	0.00022	0.016667	0.037607
Set Ⅰ	2	CBA	1.241303	0.214494	0.025	0.037607
	1	MA	1.068098	0.285476	0.05	0.05
Set Ⅱ	2	HSA	3.331979	0.000862	0.025	0.045046
	1	MA	1.460593	0.144127	0.05	0.05

从表 4.8 可以看出,ILS 的性能明显优于 H、GGA、HAS,但与 MA、CBA 相比差异并不特别显著。这是由于 Friedman 检验认为每个测试算例的重要性是相等的,针对这 60 个算例来说,其中有很多算例是非常简单的,ILS 算法和其他算法都可以很容易得到最优解,这就降低了比较检验的灵敏度。

因此,我们做了进一步的对比实验,去掉比较简单的样本(即那些使用 ILS、MA 和 CBA 很容易就能获得可行解的测试算例)。具体来说,SET Ⅰ 中保留了 22 个算例,SET Ⅱ 中保留了 16 个算例,分别称为 SET Ⅰ-hard22 和 SET Ⅱ-hard16。表 4.9 给出了 Friedman 和 Iman-Davenport 检验结果,检验结果显示比对具有显著性,可以拒绝原假设,继续采用 Bonferroni-Dunn,Holm 和 Li 方法进行事后多重检验。从图 4.4 和表 4.10 可以看出,通过这三种 Post Hoc 检验,ILS 在更具挑战性和难度的测试算例上,其结果明显优于 CBA、MA。

表 4.9　针对 SET Ⅰ-hard22 和 SET Ⅱ-hard16 的 Friedman 和

Iman-Davenport 检验结果 (α=0.05)

Instance	Friedman value	χ^2	p	Iman-Davenport value	F_F	p
Set Ⅰ-hard22	11.5455	9.4877	0.0031	7.4706	3.2199	0.0017
Set Ⅱ-hard16	17.375	5.9915	0.0002	17.8205	3.3158	<0.0001

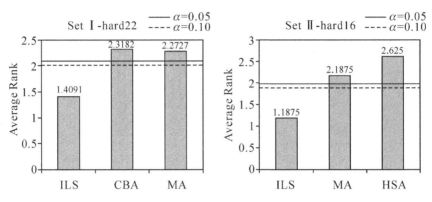

图 4.4   针对 Set Ⅰ-hard22 和 Set Ⅱ-hard16 的 Bonferroni-Dunn 测试结果

表 4.10   针对 Set Ⅰ-hard22 和 Set Ⅱ-hard16 的 Post Hoc 比较结果

Instance	i	algorithm	$z = (R_0 - R_i)/SE$	p	Holm	Li
Set Ⅰ-hard22	2	CBA	3.015113	0.002569	0.025	0.052412
	1	MA	2.864358	0.004179	0.05	0.05
Set Ⅱ-hard16	2	HSA	4.065864	0.000048	0.025	0.052385
	1	MA	2.828427	0.004678	0.05	0.05

为了进一步验证这一结论,我们使用 Wilcoxon signed-rank 检验 ILS 与 MA、CBA 算法的差异显著性。采用 Bonferroni 法校正 p 值,将结果显著性水平设置为 $p <$ 0.017。表 4.11 显示了平均结果比较的统计检验结果,包括 $R+$(正秩和)、$R-$(负秩和)、p 值和 Diff?。从表中可以看出,ILS 的平均结果优于 MA 和 CBA。由此可以得出结论,在 Lewis 数据集的求解中 ILS 算法显著优于其他比较算法。

表 4.11   Wilcoxon singed-ranks 检验结果

对比	平均结果			
	$R+$	$R-$	p	Diff.?
ILS vs. CBA	214.5	38.5	0.003	+
ILS vs. MA(30 s, 200 s, 800 s)	153.5	17.5	0.002	+
ILS vs. MA(200 s,500 s,1000 s)	122	14	0.003	+

下面,我们将重点分析 ILS 算法的一些重要特征和参数设置。

(2)候选解接受准则对算法影响分析

正如 3.3.2 节指出的那样,对于候选解的接受准则,我们设计了三种不同的情况。不仅在 $\Delta > 0$ 和 $\Delta < 0$ 的情况下要考虑如何接受一个候选解,在 $\Delta = 0$ 的情况下也要考虑接受候选解。基于对该问题特性的深入理解,我们设计了 Δst(度数变化和学生人数变化引起的差异),用来评估在 $\Delta = 0$ 的情况下候选解的质量并决定是否接受该解。这也是 ILS 算法中的一个重要特性。

在局部搜索过程中,每次仅更新一个时段,$\Delta = 0$ 代表该时段重构前后课程总数没有发生变化,即该时段课程数没有增加或减少,但实际上该时段所包含的课程却有可能已发生变化。具体来说,我们考虑该时段在重构前后其所有课程的学生总数和该时段所有课程的度总数是否发生改变。根据基于问题特性的策略,一个课程的度越大,代表该课程与其他课程的冲突越大,因此更难安排,应该优先考虑安排度较大的课程。同样的,一个拥有更多学生的课程会更大概率上与别的课程产生冲突,对于这类课程,也应该优先考虑安排。因此对于这两种情况,我们也考虑将其作为模拟退火接受准则的一部分。

为了证明该策略的重要性和对提升算法性能的有效性,我们在中规模样本组 20 个算例上进行了两个对比实验。一个实验的局部搜索过程不使用 $\Delta = 0$ 的接受准则,另一个实验的局部搜索过程使用 $\Delta = 0$ 的接受准则。注意,该实验中对于每个算例,所提出的算法都是在不进行迭代操作的情况下执行的,即:初始化—局部搜索 SA—扰动—退出。

这两个实验的计算结果如图 4.5 所示。x 轴为测试算例,y 轴为独立运行 20 次未分配课程的平均值。从图 4.5 可以看出,在大多数情况下,局部搜索过程中使用 $\Delta = 0$ 的接受准则比不使用该接受准则能够产生更好的效果,实验表明该策略的设计可以大大提高 ILS 算法的性能。

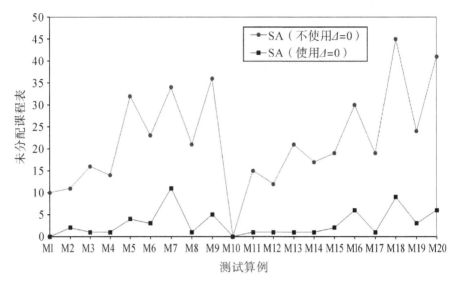

图 4.5　不同的接受准则对算法性能影响比较

(3)扰动设计对算法影响分析

在 3.3.3 节中,我们提出了一种改进的扰动策略,使得搜索能够逃离局部最优陷阱。对于两个时段 p_i 和 p_j,从 p_i 中随机选取一个课程放入 p_j 中,由于一个时段中最多有 m 个课程,因此该种移动最多会有 m 种不同的结果。直观地说,如果我们只随机选择一个课程进行移动交换,很可能会错过其他更有希望的搜索;然而,如果我们枚举 p_i 中的所有课程,从中找到最好的移动,虽然通常会得到更好的结果,但是计算代价太大。在本算法中,对于时段 p_i,我们仅随机尝试其中的 $m/3$ 个课程(m 为当前时段 p_i 中的课程总数),该移动策略的伪代码描述如下。为了评估这一策略是否能够提高解的质量,我们进行了三个实验来评估这三种不同策略对应的搜索能力和对算法效率的影响。这三个实验均执行 5 次迭代。

图 4.6 显示了这三种策略在 20 个大规模算例上的计算结果。x 轴为测试算例,y 轴为独立运行 10 次未分配课程的平均值。正如我们之前所分析,"尝试 1 个课程"的结果是最糟糕的,"尝试所有课程"的结果在大多数情况下是最好的,"尝试 1 个课程"的结果与其他两种方法之间的差距是非常大的。然而,在大多数情况下,"尝试 $m/3$ 个课程"的结果与"尝试所有课程"的结果非常接近;对于难度最大的算

例 B7 和 B18，"尝试 $m/3$ 个课程"甚至可以找到比"尝试所有课程"更好的解。图 4.7 为这些实验的 CPU 运行时间。很明显，"尝试所有课程"比其他方法消耗了更多的时间，"尝试 $m/3$ 个课程"和"尝试 1 个课程"之间的差距很小。显然，从这两个图中我们可以看出，"尝试 $m/3$ 个课程"的策略能够在解决方案质量和计算效率之间取得良好的平衡。

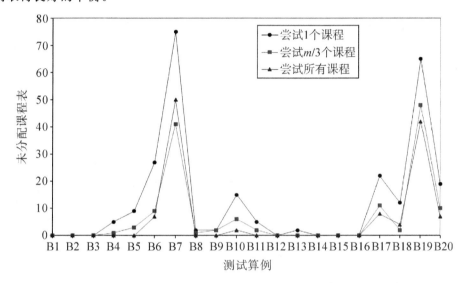

图 4.6　独立运行 10 次(每次迭代 5 次)的三种交换策略平均值比较

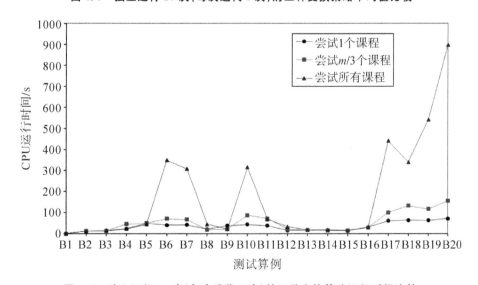

图 4.7　独立运行 10 次(每次迭代 5 次)的三种交换策略运行时间比较

4.5　本章小结

在本章中,我们考虑求解一类特殊的 UCTP 问题——UCTP 简化模型。为了便于算法设计,我们将求解 UCTP 可行解问题转化为一个单目标优化问题——$UCTP_1$,提出了一种三阶段求解的算法。在第一阶段,使用确定性算法构建一个部分可行的时间表作为问题的初始解。第二阶段,采用改进 SA 作为局部搜索算法,采用基于问题相关特性的策略来设计候选解接受准则。第三阶段,设计了一个改进扰动算子。注意,该扰动算子既可以提高当前解的质量,也可以在不影响当前解质量的前提下对当前解进行适度的扰动。

Lewis 60 问题实例的实验结果表明,该算法优于目前文献中求解该问题的其他 5 种最先进算法。ILS 算法在标准时间内获得了 58 个算例的可行解,比以往的最佳结果多出 3 个。同时,该算法的平均求解质量也明显优于其他算法。此外,ILS 算法对大规模样本组中两个无法找到可行解算例的上界进行了改进。实验还证明了 ILS 算法的重要参数设置和搜索过程多种策略设计的有效性。

第 5 章　禁忌搜索求解 UCTP 简化模型

在本章中,针对 UCTP 简化模型(仅考虑"硬冲突"约束条件),提出基于禁忌搜索的混合迭代局部搜索算法,并在前一章中 60 个算例的 Benchmark 上对提出算法的有效性进行实验验证,取得了当前文献中的最优结果。

5.1　引言

在本章中,我们旨在通过引入禁忌搜索算法来求解 UCTP 问题。该方法的贡献可总结为如下两方面。

从算法的角度,我们提出了一种新的可控随机策略(TSCR)的禁忌搜索算法。TSCR 对禁忌搜索框架进行了一些改进,并集成了几个重要搜索策略。首先,UCTP 问题的求解目标为构造可行解。其次,在邻域移动接受标准中采用可控随机策略,以在分散多样化和强化搜索之间保持更好的平衡。第三,联合使用了两个名为 InterRoomSwap 和 IntraRoomSwap 的移动操作算子。

从计算的角度来看,所提出的算法使用 Lewis60 基准算例进行了验证,其结果与当前文献中最先进算法相比,具有很强的竞争力。对于 Lewis60 基准算例,所提出的算法在相同超时条件下可以获得 55 个可行的解决方案,优于除 ILS[155] 之外的所有参考算法。当停止条件放宽至 24 h 时,该算法可获得 60 个可行解,比文献中的最佳记录多 2 个。而这两个算例在 60 个算例中难度最大,其他相关研究迄今从未获得过可行解。计算结果证明了 TSCR 的竞争力和 TSCR 中使用的新的搜索策略的优势。

5.2 问题描述与定义

5.2.1 问题描述

本章研究的 UCTP 问题包括一组事件 $\boldsymbol{E}=\{e_1,e_2,\cdots,e_n\}$ 需要分配到一组房间 $\boldsymbol{R}=\{r_1,r_2,\cdots,r_m\}$ 和一组时段内 $\boldsymbol{T}=\{t_1,t_2,\cdots,t_p\}$，而不会导致任何硬约束的违反，其中 $|\boldsymbol{E}|=n$，$|\boldsymbol{R}|=m$，$|\boldsymbol{T}|=p$。为了更形式化地描述硬约束，表 5.1 给出了一组符号和变量的定义。

表 5.1 UCTP 问题和后续算法的问题公式化描述

变量	表示含义
n	事件数量
m	房间数量
P	一周时段数量
E	事件集合，$\boldsymbol{E}=\{e_1,\cdots,e_n\}$，$\|\boldsymbol{E}\|=n$
R	房间集合，$\boldsymbol{R}=\{r_1,\cdots,r_m\}$，$\|\boldsymbol{R}\|=m$
T	时段集合，$\boldsymbol{T}=\{t_1,\cdots,t_p\}$，$\|\boldsymbol{T}\|=p$
X	UCTP 问题的解，用矩阵 $\boldsymbol{m}\times\boldsymbol{p}$ 表示
x_{ij}	被安排到房间 r_i 和时段 t_j 的课程
$cap(r)$	房间容量 $r\in\boldsymbol{R}$
$std(e)$	参加课程 $e\in\boldsymbol{E}$ 的学生集合
$evtFea(e)$	事件 $e\in\boldsymbol{E}$ 需要的特征集合
$roomFea(r)$	房间 $r\in\boldsymbol{R}$ 需要的特征集合
$room(e)$	能够在事件 e 中使用的房间集合，$\forall e\in\boldsymbol{E}$ $room(e)=\{cap(r)\geqslant\|std(e)\| \wedge evtFea(e)\subseteq roomFea(r);r\in\boldsymbol{R}\}$
$con(e_1,e_2)$	课程 e_i 和 e_j 是否存在学生冲突： $con(e_1,e_2)=\begin{cases} 0, \text{if } std(e_1)\bigcap(e_2)=\varnothing, \\ 1, \text{othertwise.} \end{cases}$

基于上述符号和变量，UCTP 问题[45,155]中定义的三个硬约束如下所示。

H_1:所有事件都应分配到一个确定的时间段和合适的房间。形式化的,该硬约束可以表述如下:

$$\forall\, e \in \boldsymbol{E}$$

$$\sum_{i=1,\cdots,m,j=1,\cdots,p} X\{x_{i,j} = e\} = 1 \tag{5.1}$$

$$x_{i,j} = e \wedge cap(r_i) \geqslant std(e) \tag{5.2}$$

$$x_{i,j} = e \wedge evtFea(e) \subseteq roomFea(r_i) \tag{5.3}$$

式(5.1)表示所有事件都应该分配到时间表中,其中 X 是真值函数,如果给定事件成功分配到时间表中,则函数取值为 1,否则为 0。式(5.2)表示一个活动应该被分配到一个容量不少于参加该活动的学生人数的房间。需要注意,每个房间都有一些功能(例如某些教学设备的可用性),并且每个活动对房间功能都有一些特殊要求。因此,式(5.3)意味着每个事件应该分配到相应的特征可以满足其要求的特定房间。

H_2:不允许相同学生在同一时间段内参加两个或更多活动。在数学上,H_2 被描述为:

$$\forall\, x_{i,k}, x_{j,k} \in \boldsymbol{E} \qquad i,j = 1,2,\cdots,m, k = 1,2,\cdots,p, i \neq j$$

$$con(x_{i,k}, x_{j,k}) = 0 \tag{5.4}$$

其中,$x_{i,k}$ 和 $x_{j,k}$ 表示两个事件分配到相同的时间段。由于每个活动有几十个学生参加,一个学生可能参加多个活动,式(5.4)确保同一时间段内的两个活动没有共同的学生参加。

H_3:不得重复预订房间,即在任何时间段内仅将一个活动分配给一个房间。形式上,

$$\forall\, x_i \in \boldsymbol{R}, \forall\, t_j \in \boldsymbol{T}$$

$$\sum_{e \in \boldsymbol{E}} X\{x_{i,j} = \mathrm{e}\} \leqslant 1 \tag{5.5}$$

5.2.2　问题定义

解决方案 $\boldsymbol{X}$ 通常由维度为 $m \times p$ 的二维矩阵表示,其中行代表房间,列代表时

段,$x_{i,j}$ 对应于在时段 t_i 期间在房间 r_i 分配的事件 t_j($i=1,2,\cdots,m$;$j=1,2,\cdots,p$)。如果没有事件分配到房间 r_i 和时段 t_j,那么 $x_{i,j}$ 取值 -1。显然,基于此表示,在任何时间段内每个房间都不会分配超过一个事件,这意味着 H_3 始终是满足的。

根据本书提出的算法,所有事件都应该从一开始就被分配到时间表中。具体而言,事件被一个一个地分配到时间表中,每个事件被分配到一个空房间,在每次迭代时都能满足它的要求。因此,除了 H_3 之外,H_1 在生成的时间表中得到严格遵守。但是,在调度过程中,H_2 是放宽的,即 H_2 在时间表中不一定严格满足。

定义 5.1 部分可行解 本章将不违反 H_1 和 H_3 的解定义为部分可行解。显然,在部分可行的解决方案中,违反 H_2 的次数即到可行解的距离不一定为零。

基于这个定义,这个问题的目标被转化为找到一个部分可行的解决方案,并使 H_2 的违反次数最少。更正式地表达,它是为搜索空间中的所有部分可行解 X 找到一个解 X^*,使得 $f(X^*) \leqslant f(X)$。

$$f(X) = \sum_{k=1}^{p} \sum_{i=1}^{m} \sum_{j=i+1}^{m} con(x_{i,k}, x_{j,k}) \tag{5.6}$$

其中,$con(x_{i,k}, x_{j,k})$ 判断是否事件 $x_{i,k}$ 和 $x_{j,k}$ 有相同的学生参与,$f(X)$ 计算整个时间表中 H_2 的违反值。按照这种方式,式(5.6)作为目标函数来评估当前解的质量。当 $f(X^*)$ 等于 0 时,表示构建了一个可行的时间表。

值得注意的是,其他一些时间表算法[44,46,155]中的问题表述与我们不同。在这些算法中,不允许放宽任何硬约束,即,只有在不违反任何硬约束时,才会将事件分配给时间表。这样,在事件安排过程中,某些事件无法分配到时间表中。我们通常使用数组来保存未安排的事件,因此,未安排事件的数量被视为最终解决方案的质量值,并且最小化未安排事件是这些算法的优化目标。

为了确保与以前最先进的算法进行公平比较,在使用我们提出的算法找到解 X 后,引入了一个简单的 Reconfiguration() 过程(参见 5.3.8 节)。具体来说,如果 $f(X)=0$,则表示 X 是可行解;否则,使用 Reconfiguration() 从每个时段中删除使 H_2 违规最多的事件,并将删除的事件保存在数组 $array$ 中,如下式所示:

$$(X', array) \leftarrow \text{Reconfiguration}(X) \tag{5.7}$$

最终得到一个不违反硬约束的不完整时间表 X',然后可以将数组中未调度事件的数量与其他算法得到的结果进行公平的比较。

5.3　TSCR:可控随机化禁忌搜索

5.3.1　算法框架

禁忌搜索(TS)算法已成功应用于解决各种组合优化问题。TS 的关键组成部分是使用短期记忆结构(即禁忌列表),其中最近执行的移动或最近获得解的某些特定状态被记录并被标记为禁忌对象。在禁忌列表中,邻域移动的反向操作或包含禁忌特定状态的解在指定的迭代次数内是被禁止的,以此防止陷入重复循环操作,这有益于帮助搜索远离之前访问过的区域,从而在搜索中进行更广泛的空间探索[156]。

基于标准禁忌算法框架,本章提出了一种可控随机化的禁忌搜索(TSCR),其主要思路如算法 5.1 所示。通过使用 Init_Solution()过程(参见 5.3.2 节)获得部分初始可行解,然后使用新的 Tabu_Search()过程(参见 5.3.7 节)来改进初始解。该算法一直持续到满足停止条件,如产生可行的解或达到给定的时间限制。如果获得的最好解 X^* 不可行,则使用 Reconstruction()过程(参见 5.3.8 节)将其转换为不违反任何硬约束的部分可行时间表 $X^{*'}$(第 12~13 行)。最后,返回最终的时间表作为结果解和未安排事件的数量。请注意,Tabu_Search()过程中使用的参数在第 3 行初始化。

算法 5.1　TSCR 算法框架伪代码描述

1. **Input**:问题算例;

2. **Output**:当前最好解 X^* 及未安排事件数量;

3. 初始化禁忌表 l,两个临界参数 τ、ρ 和一个序列 array

4. $X \leftarrow$ Initial_Solution()　　　/ * 5.3.2 节构建初始解 * /

5. $X^* \leftarrow X$

6. **while** 停止条件未达到 **do**

7. $X' \leftarrow \text{Tabu\_Search}(X,\tau,\rho,l)$ / * 5.3.7 节 * /

8. **if** $f(X') \leqslant f(X^*)$

9. $X^* \leftarrow X', X \leftarrow X'$

10. **end if**

11. **end while**

12. **if** X^* 是不可行解

13. $(X^{*\prime}, array) \leftarrow \text{Reconstruction}(X^*)$ / * 5.3.8 节 * /

14. 返回不完全解 $X^{*\prime}$ 和 $array$ 中未安排事件

15. **else**

16. 返回可行解 X^*

17. **end if**

5.3.2 构建初始解

从一个空的时间表开始,所提出算法的第一阶段是将所有事件分配到时间表中,以生成初始的部分可行解。该过程引入了一种贪婪策略,即每次将一个事件分配到时间表。在分配事件的每一步中,需要考虑两个主要问题:一个问题是选择一个合适的未安排事件,另一个问题是为这个选定的事件选择一个合适的房间-时间段对(即时间表中的一个空单元格)。贪婪策略的主要过程描述如下。

首先,对于每个事件,计算可以容纳它的房间数量,并将所有事件放在一个列表中,按候选房间数量从高到低排序。如果有相同的房间数量,通过随机选择来决定。第二步,迭代执行上述过程,直到所有事件都被分配到时间表中。在每次迭代时,列表中的第一个事件被移出作为待安排的当前事件,并在所有可用事件中选择一个其他未安排的事件最不可能需要的房间-时段对(相同的房间数量时通过随机选择来决定),类似于经典的贪婪着色算法 DSATUR[157]。最后,将当前事件分配给这个房间-时段对。

对于本章中的大多数测试实例,通过运行这种贪婪启发式算法,可以很容易地获得满足硬约束 H_1 和 H_3 的初始解。对于剩下的几个更难的测试实例,由于贪婪启发式的随机性,可以在多运行几次之后生成所需的初始解(即采用多启动的贪婪策略)。此外,由于生成过程中的随机性,初始解可以构建得尽可能多样。

5.3.3 移动算子和邻域

通过将移动算子 mp 应用于当前解 X,可以生成的所有新的部分可行解表示为 $N(X) = \{mp \oplus X \mid mp \in M\}$,其中 M 是可能的移动操作的集合。在本章中,联合使用了以下两个邻域。

5.3.3.1 N_1:基于房间交换的邻域

第一个邻域 N_1 可以由算子 IntraRoomSwap$(x_{i,u}, x_{i,v})$ 描述。给定一个部分可行解,算子 IntraRoomSwap$(x_{i,u}, x_{i,v})$ 包括交换分配到同一房间的事件 $x_{i,u}$ 和 $x_{i,v}$ 的相同时段,如 r_i。图 5.1(a) 描绘了一个时间表的子图,该时间表包括 5 个房间和 6 个时段,其中出现在阴影单元格中的事件 e_{25} 和 e_6 被分配到行 r_2。

执行 IntraRoomSwap(e_{25}, e_6) 后,交换这两个事件的时段,得到新的解,如图 5.1(b) 所示。由于分配给这两个事件的房间没有改变,因此在执行移动算子之后,该解仍然部分可行。

	t_1	t_2	t_3	t_4	t_5	t_6
r_1	e_{12}	e_{49}	e_{56}	e_{18}	-1	e_{71}
r_2	e_{25}	-1	e_6	-1	-1	e_1
r_3	e_{39}	e_{95}	e_{81}	e_{36}	-1	e_5
r_4	-1	e_{88}	e_{53}	-1	e_{44}	-1
r_5	e_{79}	e_{62}	-1	e_{51}	e_{54}	e_{25}

（a）

	t_1	t_2	t_3	t_4	t_5	t_6
r_1	e_{12}	e_{49}	e_{56}	e_{18}	-1	e_{71}
r_2	e_6	-1	e_{25}	-1	-1	e_1
r_3	e_{39}	e_{95}	e_{81}	e_{36}	-1	e_5
r_4	-1	e_{88}	e_{53}	-1	e_{44}	-1
r_5	e_{79}	e_{62}	-1	e_{51}	e_{54}	e_{25}

（b）

图 5.1 移动操作 IntraRoomSwap 示意图

邻域 $N_1(X, e_i)$ $(e_i \neq -1)$ 由所有可能的解组成,这些解可以通过将 IntraRoomSwap(e_i, e_j) 应用于当前解 X 获得,其中 e_j 是与 e_i 在同一房间中的不同时段的事件,可形式化地表示为:

$$N_1(X, e_i) = \{X \oplus \text{IntraRoomSwap}(e_i, e_j) : e_j \in E\_row[X, r_{cur}(e_i)], e_j \neq e_i\}$$

其中,$r_{cur}(e_i)$ 表示 e_i 当前所安排房间;$E\_row[X, r_{cur}(e_i)]$ 表示在当前解 X 的房间

$r_{\text{cur}}(e_i)$ 中分配的事件集。请注意,移动 e_i 到时间表同一行中的其他空单元格(例如 $e_j=-1$)是 IntraRoomSwap 的一个特例。显然,N_1 的大小以 $O(|p|)$ 为界。

5.3.3.2　N_2:基于房间之间交换的邻域

邻域 N_2 比 N_1 更复杂。给定一个部分可行解,算子 InterRoomSwap(e_i, e_j) $(e_i \neq -1)$ 通过交换分配给两个不同房间的两个事件来生成一个新的部分可行解。形式上,设 e_i 和 e_j 是分别分配在 $\text{cell}(r_u, t_k)$ 和 $\text{cell}(r_v, t_s)$ 中的两个事件,即 $x_{u,k}=e_i$, $x_{v,s}=e_j$,算子 InterRoomSwap 通过将 e_i 安排到单元格 $\text{cell}(r_v, t_s)$ 和将 e_j 安排到单元格 $\text{cell}(r_u, t_k)$ 来完成交换,前提条件为房间 r_u 可以满足 e_j 的需求以及房间 r_v 可以满足 e_i 的需求。

例如,在图 5.2(a)中,事件 e_{95}(出现在阴影单元格中)最初被分配到 $\text{cell}(r_3, t_2)$,当然也可以分配到时间表中条纹填充的单元格表示的房间 r_2 或 r_4 中;同样,e_1 当前被分配到房间 r_2,而 r_3 也是 e_1 的合适候选房间。显然,e_{95} 和 e_1 可以通过 InterRoomSwap 进行交换。将 e_1 置换到 $\text{cell}(r_3, t_2)$ 和 e_{95} 置换到 $\text{cell}(r_2, t_6)$ 后,即得到一个新的解,如图 5.2(b)所示。此外,$x_{u,k}$ 和 $x_{v,s}$ 可以是属于同一时间段的两个事件。在这种情况下,移动不会降低解的质量。因此,本章也考虑了这种特殊情况。

图 5.2　移动操作 InterRoomSwap 示意图

基于算子 InterRoomSwap,邻域 $N_2(X, e_i)$ 由所有可能的解组成,这些解可以通过对当前解 X 实施算子 InterRoomSwap(e_i, e_j) 来生成,其中 e_j 是不同房间中的另一个事件。更形式化地表示为:

$$N_2(X, e_i) = \{X \oplus \text{InterRoomSwap}(e_i, e_j) : e_j \in \{E\_row(X, r) : r \in \text{room}(e_i) - r_{\text{cur}}(e_i)\}, r_{\text{cur}}(e_i) \in \text{room}(e_j)\}$$

其中：room(e_i)表示可以容纳 e_i 的所有可用房间的集合；$r_{cur}(e_i)$ 是 e_i 的当前所分配房间；$E\_row(X,r)$ 表示分配给房间集的所有事件：room(e_i) $- r_{cur}(e_i)$。当然,要满足要求 $r_{cur}(e_i) \in$ room(e_j),以保证 e_i 和 e_j 的交换不会导致任何违反 H_1 的行为。

类似地,将 e_i 移动到一个空单元格(即 $e_j = -1$)是 IntraRoomSwap 的一个特例。N_2 的大小大约以 $O(|p \times m|)$ 为界。但是,确定 N_2 的计算代价远大于 N_1。

显然,这两个邻域是互补的。对于只有一个候选房间的事件,只有 IntraRoomSwap 移动可行；而对于有多个合适房间的事件,可以联合使用 IntraRoomSwap 和 InterRoomSwap 进行移动。

参考文献[42][45]中用于 UCTP 的移动算子与本章提出的 IntraRoomSwap 类似,而之前的研究中很少有像 InterRoomSwap 这样的移动算子。与以往的方法相比,本研究设计的邻域移动算子更具有问题针对性,定义不同,实现更复杂。

5.3.4　快速评估移动操作

解 X 及其邻域解 X' 的目标函数值(即违反 H_2 的数量)可以根据式(5.6)轻松地计算获得。然而,目标函数值的计算涉及每一次移动操作,评估每一次移动增益(尤其是 InterRoomSwap 移动)的计算代价并不是微不足道的,因此,目标函数值的计算是算法实现中最耗时的部分。受先前研究[157]中有效评估策略的启发,本章采用了一种快速评估技术。

该技术的主要思想是将时间表的每个时段中的违规次数保存在附加存储中。最初,我们用 f_i 表示当前解 X 在时段 t_i 内的违反次数,可用下式计算：

$$f_i = \sum_{u=1}^{m} \sum_{v=u+1}^{m} con(x_{u,i}, x_{v,i}) \tag{5.8}$$

其中,$x_{u,i}$ 是解 X 中分配在第 i 个时段中的事件,$i = 1, 2, \cdots, p$。

在单元格 (r_u, t_i) 中的事件 e_p 与单元格 (r_v, t_j) 中的事件 e_q 交换后,在时段 t_i 中执行交换的移动增益为：

$$\Delta f_i(e_p, e_q) = -Out(i, e_p) + In(i, e_q) \tag{5.9}$$

其中,$Out(i, e_p)$ 是从时段 t_i 中去除 e_p 的增益；$In(i, e_q)$ 是将 e_q 分配到时段 t_i 的增

益;r_u 和 r_v 分别是 e_p 和 e_q 当前所分配的房间。具体来说

$$Out\ (i+e_p) = \sum_{l=u+1}^{m} con\ (e_p,x_{l,i}) \tag{5.10}$$

$$In\ (i,e_q) = \sum_{l=u+1}^{m} con\ (e_q,x_{l,i}) \tag{5.11}$$

这样,在进行一次交换之后,新解 X' 的目标函数值不一定都是从头开始计算的,而只是需要更新当前时段中 H_2 的违规次数。此外,在计算当前时段中 H_2 的违反数量时,只进行与交换事件相关的计算,如式(5.9)—式(5.11)所示。因此,只有一小部分评估被实施,从而节省了大量的 CPU 时间。

5.3.5　阈值和随机接受策略

在标准 TS 框架中,即使 $f(X')>f(X)$,也接受从 X 到 X' 的移动,其中 X' 是当前解 X 邻域中的最佳非禁忌解。在某些应用中,这个原则不仅可以防止搜索返回最近访问过的区域做重复操作,而且可以将搜索引导到新的搜索空间和未访问过的搜索区域。然而,在中小型邻域的实际应用中,如果 X' 比 X 差很多,接受这样一个非改进的解决方案可能会大大降低解的质量(如 5.5.2 节所示),这使得搜索仅类似于一个随机的多启动操作。

受阈值接受方法(TA)[20] 和模拟退火(SA)方法[18] 的启发,本研究引入了阈值接受策略的改进版本并将其嵌入到 TS 框架中,其中对较差解的接受由阈值 τ 控制,为正数。具体来说,在提出的 TS 算法的邻域搜索过程中,如果 $f(X')<f(X)$,则 X' 将被接受;否则,如果 $f(X')-f(X) \leqslant \tau$,则 X' 将被概率接受。

我们提出的算法与之前研究中的 TA 方法相比,有两个主要区别[158-159]。首先,在我们的算法中,阈值保持不变;而在之前的应用中,阈值逐渐减小,就像 SA 中的温度参数一样。其次,对于任何目标函数值小于给定阈值水平的非改进解,在我们的算法中都会以概率 ρ 被接受;而在之前的 TA 方法中,它会毫不犹豫地被接受。此外,ρ 是一个随着 $f(X^*)$ 的减小而逐渐减小的变量,其中 X^* 是迄今为止的最佳解,以保持多样化和集中化之间的平衡。

通过将这些新的策略整合到标准的 TS 框架中,产生了一个新颖高效的 TS 算

法,其主要过程将在 5.3.7 节中展示。

5.3.6 禁忌表和破禁准则

如上所述,最近访问的解或解的相关特性被记录在一个禁忌列表中,以避免短期循环。在我们的 TS 算法中,当执行两个事件之间的交换时,在接下来的 tt(tt 称为禁忌长度)迭代中将不考虑分配事件的时段。也就是说,在时段 t_i 中的事件 e_u 与时段 t_j 中的事件 e_v 交换后,t_i 和 t_j 将被指定为禁忌对象并记录在禁忌表中,如果在禁忌状态的时段中分配的任何事件被指定为禁忌对象,则禁忌其与其他事件交换。

禁忌长度与 TS 算法的性能和效率密切相关,但确定最佳的禁忌长度是一项困难的任务。在本章中,tt 根据以下规则设置[160]:

$$tt = C_0 + random(0, C_1) \tag{5.12}$$

其中:C_0 和 C_1 可以是常数,也可以是根据当前解的质量和有关搜索过程的其他信息自适应调整的变量;$random(0, C_1)$ 返回 $0 \sim C_1$ 的随机整数。根据一系列初步实验的观察结果,本章将 C_0 和 C_1 分别设置为 8 和 10。请注意,对于这些禁忌长度相关的其他值,所提出的算法可能会表现出类似的性能。

在搜索算法的后续迭代中,禁忌表中记录的任何禁忌移动都将被排除(参见算法 2 中的第 9 行和第 17 行),除非它可以产生目标函数值优于当前最佳的目标函数值的邻域解,这就是所谓的破禁准则。

5.3.7 受控随机化禁忌搜索

通过将上述策略和方法集成到 TS 框架中,具有可控随机化的新型 TS 的整体过程可描述为下面的算法 5.2。

给定当前解 X,禁忌表 l 阈值参数 τ 和 ρ,算法 5.2 是在 X 的邻域中找到最佳解 X^*。首先,从当前时间表中随机选择一个事件 $x_{i,j}$;然后,计算 $N_1(X, x_{i,j})$ 中每个邻域解 X_1 的目标函数值,记录 N_1 中的最佳解 X_1',根据提出的阈值接受策略决定接受与否(第 7~11 行)。如果当前解 X 保持不变,并且 $x_{i,j}$ 有多个候选房间,则以类似的方式执行邻域 $N_2(X, x_{i,j})$ 的搜索(第 12~20 行)。请注意,每次迭代后,禁忌表都会进行相应更新(第 21~23 行)。

算法 5.2   TSCR 算法框架伪代码描述

1. **Input**：当前解 X，禁忌表 l，临界值 τ, ρ

2. **Output**：邻域 N_1 和 N_2 获得的当前最好解

3. $X^* \leftarrow \varnothing$

4. 随机选一个时段 t_j 和 t_j 可用的一个非空房间 r_i

5. 对于每一个 $X_1 \in N_1(X, x_{i,j})$，计算 $f(X_1)$

6. 从邻域 $N_1(X, x_{i,j})$ 中选择最好解

7. **if** $f(X'_1) < f(X)$

8. $X^* \leftarrow X'_1$

9. **end if** $t_j \notin l \wedge f(X'_1) - f(X) < \tau \wedge rd > \rho$ / * rd 是标准随机数 * /

10. $X^* \leftarrow X'_1$

11. **end if**

12. **if** $X^* \neq \varnothing \wedge x_{i,j}$ 有多于一个的可用房间

13. 对于每一个 $X_2 \in N_2(X, x_{i,j})$ 计算 $f(X_2)$

14. 从邻域 $N_2(X, x_{i,j})$ 中选择最好解

15. **if** $f(X'_2) < f(X)$

16. $X^* \leftarrow X'_2$

17. **end if** $t_j \notin l \wedge f(X'_2) - f(X) < \tau \wedge rd > \rho$ / * rd 是标准随机数 * /

18. $X^* \leftarrow X'_2$

19. **end if**

20. **end if**

21. **if** $X^* \neq \varnothing$

22. 更新禁忌表 l

23. **end if**

24. 返回 $X*$

5.3.8　解重构

如上所述,在一个部分可行解生成之后,应该从结果时间表中移除那些引起 H_2 违反的事件,统计移除事件的数量并与先前文献中的方法获得的结果进行比较,以确保比较结果公平合理。

该解的重新配置过程在算法 5.3 中进行了描述。显然,时段被逐一检查。在每个时段 t_i 中,计算每个事件引起的硬冲突个数,将硬冲突最多的事件从时段中剔除,加入数组 $array$;此迭代一直持续到时段 t_i 中不再存在硬冲突为止。最后,构造一个不存在硬冲突的部分可行时间表,统计并输出数组中的事件个数。

算法 5.3　重组操作伪代码描述

1. **Input**:一个部分可行解 X,一个列表 $array$

2. **Output**:$array$ 中事件数和一个无硬冲突的非完整时间表

3. $array \leftarrow \varnothing$

4. **for** $i \leftarrow 1$ to p

5. **repeat**

6. 计算时段 timeslott_i 中由每一个事件引起的冲突数

7. 将导致冲突最多的事件从 timeslott_i 中移除并放入 $array$

8. **until** timeslott_i 中无硬冲突

9. **end for**

5.4　计 算 结 果

5.4.1　算例和实验

TSCR 采用 C++语言实现,所有实验均在运行环境 3.0 GHz CPU 和 4.0 GB 内存的 Windows PC 机上运行通过。为了评估算法的性能,我们用 Lewis 等人提供的一组 60 个精心设计的基准实例[43]来计算实验,该算例可分为三类:小规模样本组

$(200 \leqslant n \leqslant 225, |m| = 5 \text{ 或 } 6)$、中规模样本组$(390 \leqslant n \leqslant 425, |m| = 10 \text{ 或 } 11)$和大规模样本组$(1000 \leqslant n \leqslant 1075, 25 \leqslant m \leqslant 28)$。所有这 60 个实例都可以从 http://www.rhydlewis.eu/hardTT/下载。此外,所有事件应在一周内的 45 个时段内进行分配,即 $p = 45$。考虑到所提出算法的随机性,每个实例使用不同的初始解独立求解 20 次。

TSCR 算法中有两个重要的参数,即 τ 和 ρ。我们进行了一系列初步实验以确定这两个参数的值。首先将 τ 设置为 1,并为 ρ 分配一个从 $0.90 \sim 0.99$ 的数字,步长为 0.01。对于每一对 (τ, ρ),我们为每个实例运行 TSCR 算法,然后计算相应的解的质量;然后,将 τ 增加 1,并再次执行上述过程。这样,初步实验继续进行,直到 τ 达到 4;最后,相应地给出合适的 τ 和 ρ 的值。

在实验中确定的 τ 和 ρ 参数值如表 5.2 所示。请注意,X^* 是当前在 TSCR 算法实施期间获得的最佳解。尽管为不同实例设置不同参数可能会找到更好的解,但为了证明 TSCR 的有效性和鲁棒性,在本节的以下计算实验中,所有实例的所有参数都是固定的。

表 5.2　重要参数描述和设置

参数	描述	值
T	临界值	1
P	接受概率	$\rho = \begin{cases} 0.99, \text{if } f(X^*) \leqslant 2, \\ 0.98, \text{if } 2 < f(X^*) \leqslant 5, \\ 0.96, \text{if } 5 < f(X^*) \leqslant 10, \\ 0.95, \text{otherwise.} \end{cases}$

将 TSCR 算法性能与文献中的 8 种参考算法,即分组遗传算法(GGA)、局部搜索启发式算法(H)[43]、文化基因算法(MA)[44]、混合模拟退火算法(HSA)[45]、基于团的启发式算法(CBA)[46]、事件插入启发式算法(EIS)[47]、基于模拟退火的元启发式(SA-M)[42]和迭代局部搜索(ILS)[155]进行比较。先前的计算结果表明,ILS 是

UCTP 的最佳算法之一。H 的运行环境为 1 GB RAM 和 Pentium Ⅳ 2.66 GHz 处理器的 PC 机,MA 的运行环境为 2.66 GHz CPU 和 1 GB RAM 的 PC 机,HSA 的运行环境为 Pentium Ⅳ 3.2 GHz 的 PC 机,CBA 的运行环境为 2.60 GHz 和 512 MB RAM 的 PC 机,EIS 的运行环境为 3 GHz QuadCore CPU 的 PC 机,SA-M 的运行环境为 1.6 GHz i7 CPU 的 PC 机,ILS 的运行环境为 Pentium Ⅳ 2.66 GHz CPU 的 PC 机和 1.0 GB 内存。一般来说,我们实验中使用的机器与参考算法相似,除了 SA-M 和 EIS。因此,本章也采用了与以往研究中相同的时间限制,但在以下比较中不考虑 SAM 和 EIS 得到的结果。

5.4.2　限制时间计算结果

5.4.2.1　计算结果

　　三类问题算例的计算结果分别列于表 5.3—表 5.5 中,并与 6 种参考算法进行了比较(注意 EIS 和 SAM 的结果在以下比较中不考虑,因为它们对应的执行平台和实验条件是不同的)。以前的研究中使用了两组不同的时间限制,即第一组(30 s、200 s、800 s)和第二组(200 s、500 s 和 1000 s)。为了与参考算法进行公平比较,我们的实验中也使用了这两组时间限制。如表中所示,每列显示每个算例(Instance)运行 20 次的平均结果,括号中显示最佳结果。为了全面评估和比较算法的性能,在文献[44]中提出了 AVG(均值)、STD(标准差)、CV(变异系数)、Minimum Feasibility(最小可行解数)、Maximum Feasibility(最大可行解数)和 Best Performer(最好解)等统计参数,这些参数也在我们的实验分析中引入,如表的底部行所示。

　　TSCR 和其他参考算法对小型问题算例运行的结果列于表 5.3。从表 5.3 可以看出,除 GGA 和 HSA 之外,所有算法都可以为所有 20 个算例产生可行解。在两组时间限制的最小可行解数和最大可行解数方面,TSCR 的性能优于所有其他参考算法。此外,与该问题的记录保持者 ILS 相比,TSCR 在 AVG、STD 方面均具有优势,在 Set Ⅰ 和 Set Ⅱ 两组算例中表现最佳。

表 5.3　小规模样本组计算结果与算法比较

Instances	Set Ⅰ (30 s)						Set Ⅱ (200 s)			
	ILS	CBA	MA	GGA	H	TSCR	ILS	MA	HSA	TSCR
S1	0(0)	0(0)	0(0)	0(0)	0(0)	0(0)	0(0)	0(0)	0(0)	0(0)
S2	0(0)	0(0)	0(0)	0(0)	0(0)	0(0)	0(0)	0(0)	0(0)	0(0)
S3	0(0)	0(0)	0(0)	0(0)	0(0)	0(0)	0(0)	0(0)	0(0)	0(0)
S4	0(0)	0(0)	0(0)	0(0)	0(0)	0(0)	0(0)	0(0)	0(0)	0(0)
S5	0(0)	0(0)	0(0)	1.05(0)	0(0)	0(0)	0(0)	0(0)	0(0)	0(0)
S6	0(0)	0(0)	0(0)	0(0)	0(0)	0(0)	0(0)	0(0)	0(0)	0(0)
S7	0(0)	0.2(0)	0(0)	0(0)	0(0)	0(0)	0(0)	0(0)	0(0)	0(0)
S8	0(0)	0.3(0)	0.95(0)	6.45(4)	1(0)	0(0)	0(0)	0.4(0)	1.9(0)	0(0)
S9	1.1(0)	0.15(0)	0.1(0)	2.5(0)	0.15(0)	0(0)	0.55(0)	0(0)	3.85(0)	0(0)
S10	0(0)	0(0)	0(0)	0.1(0)	0(0)	0(0)	0(0)	0(0)	0(0)	0(0)
S11	0(0)	0(0)	0(0)	0(0)	0(0)	0(0)	0(0)	0(0)	0(0)	0(0)
S12	0(0)	0(0)	0(0)	0(0)	0(0)	0(0)	0(0)	0(0)	0(0)	0(0)
S13	0.3(0)	0(0)	0(0)	1.25(0)	0.35(0)	0(0)	0.1(0)	0(0)	1(0)	0(0)
S14	0.2(0)	0.7(0)	2(0)	10.5(3)	2.75(0)	0.8(0)	0.05(0)	0.8(0)	5.95(3)	0(0)
S15	0(0)	0(0)	0(0)	0(0)	0(0)	0(0)	0(0)	0(0)	0(0)	0(0)
S16	0(0)	0(0)	0(0)	0(0)	0(0)	0(0)	0(0)	0(0)	0(0)	0(0)
S17	0(0)	0(0)	0(0)	0.25(0)	0(0)	0(0)	0(0)	0(0)	0(0)	0(0)
S18	0(0)	0.7(0)	0.25(0)	0.7(0)	0.2(0)	0(0)	0(0)	0(0)	0.45(0)	0(0)
S19	0.45(0)	0(0)	0(0)	0.15(0)	0(0)	0.4(0)	0.25(0)	0(0)	1.2(0)	0(0)
S20	0(0)	0.15(0)	0.7(0)	0(0)	0(0)	0(0)	0(0)	0(0)	0(0)	0(0)
AVG& STD	0.10& 0.26 (0& 0)	0.11& 0.21 (0& 0)	0.2& 0.5 (0& 0)	1.14& 2.66 (0.35& 1.1)	0.22& 0.63 (0& 0)	0.07& 0.20 (0& 0)	0.05& 0.13 (0& 0)	0.06& 0.2 (0& 0)	0.67& 1.57 (0.15& 0.67)	0& 0 (0& 0)
CV	2.6(0)	1.9(0)	2.5(0)	2.33(3.14)	2.86(0)	2.86(0)	2.6(0)	3.33(0)	2.34(4.46)	(0)
Minimum Feasibility	20	20	20	18	20	18	20	20	19	20

Instances	Set Ⅰ (30 s)						Set Ⅱ (200 s)			
	ILS	CBA	MA	GGA	H	TSCR	ILS	MA	HSA	TSCR
Maximum Feasibility	16	14	15	11	15	20	16	18	15	20
Best Performer	17	14	16	11	15	18	18	18	14	20

从表 5.4 可以看出,中规模样本组比小规模样本组更难,因为只有 CBA、ILS 和 TSCR 可以在 200 s 的时间限制内为所有 20 个实例产生可行的解决方案。当时间限制延长到 500 s 时,MA 也可以为算例找到可行解。比较而言,TSCR 在 AVG、STD、最小可行解数、最大可行解数和最好解等评价指标上优于 CBA、MA、GGA、H 和 HSA,但在 AVG、STD、最小可行解数和最好解方面,TSCR 和 ILS 差距较小。

表 5.4 中规模样本组计算结果与算法比较

Instances	Set Ⅰ (200 s)						Set Ⅱ (500 s)			
	ILS	CBA	MA	GGA	H	TSCR	ILS	MA	HSA	TSCR
M1	0(0)	0(0)	0(0)	0(0)	0(0)	0(0)	0(0)	0(0)	0(0)	0(0)
M2	0(0)	0(0)	0(0)	0(0)	0(0)	0(0)	0(0)	0(0)	0(0)	0(0)
M3	0(0)	0(0)	0(0)	0(0)	0(0)	0(0)	0(0)	0(0)	0(0)	0(0)
M4	0(0)	0(0)	0(0)	0(0)	0(0)	0(0)	0(0)	0(0)	0(0)	0(0)
M5	0(0)	0(0)	0(0)	3.95(0)	0(0)	0(0)	0(0)	0(0)	0(0)	0(0)
M6	0(0)	0(0)	0(0)	6.2(0)	0(0)	0(0)	0(0)	0(0)	0(0)	0(0)
M7	0(0)	3.55(0)	2.55(1)	41.65(34)	18.05(14)	0(0)	0(0)	1.2(0)	4.15(1)	0(0)
M8	0(0)	0(0)	0(0)	15.95(9)	0(0)	0(0)	0(0)	0(0)	0(0)	0(0)
M9	0.9(0)	2.15(0)	1.6(0)	24.55(17)	9.7(2)	0(0)	0.65(0)	1.15(0)	4.9(0)	0(0)
M10	0(0)	0(0)	0(0)	0(0)	0(0)	0(0)	0(0)	0(0)	0(0)	0(0)
M11	0(0)	0(0)	0(0)	3.2(0)	0(0)	0(0)	0(0)	0(0)	0(0)	0(0)
M12	0(0)	0(0)	0(0)	0(0)	0(0)	0(0)	0(0)	0(0)	0(0)	0(0)
M13	0(0)	0(0)	0(0)	13.35(3)	0.5(0)	0(0)	0(0)	0(0)	0.5(0)	0(0)
M14	0(0)	0(0)	0(0)	0.25(0)	0(0)	0(0)	0(0)	0(0)	0(0)	0(0)
M15	0(0)	0(0)	0(0)	4.85(0)	0(0)	0(0)	0(0)	0(0)	0.05(0)	0(0)

续表 5.4

Instances	Set Ⅰ (200 s)						Set Ⅱ (500 s)			
	ILS	CBA	MA	GGA	H	TSCR	ILS	MA	HSA	TSCR
M16	0(0)	0.3(0)	0.45(0)	43.15(30)	6.4(1)	0(0)	0(0)	0.05(0)	5.15(1)	0(0)
M17	0(0)	0(0)	0(0)	3.55(0)	0(0)	0(0)	0(0)	0(0)	0(0)	0(0)
M18	0(0)	0(0)	0(0)	8.2(0)	3.1(0)	0.95(0)	0(0)	0(0)	6.05(0)	0.3(0)
M19	0(0)	0.3(0)	0.2(0)	9.25(0)	3.15(0)	0.05(0)	0(0)	0.05(0)	5.45(0)	0(0)
M20	0(0)	0.65(0)	0(0)	2.1(0)	11.45(3)	0.7(0)	0(0)	0(0)	10.6(2)	0(0)
AVG& STD	0.05& 0.20 (0& 0)	0.35& 0.88 (0& 0)	0.24& 0.66 (0.05& 0.22)	9.01& 12.78 (4.7& 10.0)	2.62& 4.88 (1.0& 3.1)	0.09& 0.26 (0& 0)	0.03& 0.14 (0& 0)	0.12& 0.36 (0& 0)	1.84& 3.07 (0.2& 0.52)	0.02& 0.07 (0& 0)
CV	4(0)	2.52(0)	2.75(4.4)	1.41(2.12)	1.86(3.1)	2.89(0)	4.6(0)	3(0)	1.66(2.6)	3.5(0)
Minimum Feasibility	20	20	19	15	16	17	20	20	17	19
Maximum Feasibility	19	15	16	6	13	20	19	16	12	20
Best Performer	20	15	17	6	13	17	20	16	12	19

如表 5.5 所示,迄今还没有一种算法可以为大规模样本组的每个算例都产生可行解。在 800/1000 s 的时间限制内,TSCR 可以找到 15 个实例的可行解,比 ILS 少 3 个。但是,与其他参考算法相比,TSCR 在所有统计指标上的表现都更好。

表 5.5　大规模样本组计算结果与算法比较

Instances	Set Ⅰ (800 s)						Set Ⅱ (1000 s)			
	ILS	CBA	MA	GGA	H	TSCR	ILS	MA	HSA	TSCR
B1	0(0)	0(0)	0(0)	0(0)	0(0)	0(0)	0(0)	0(0)	0(0)	0(0)
B2	0(0)	0(0)	0(0)	0.7(0)	0(0)	0(0)	0(0)	0(0)	0(0)	0(0)
B3	0(0)	0(0)	0(0)	0(0)	0(0)	0(0)	0(0)	0(0)	0(0)	0(0)
B4	0(0)	0(0)	0(0)	32.2(30)	20.5(8)	0(0)	0(0)	0(0)	0(0)	0(0)
B5	0(0)	3.2(1)	0(0)	29.15(24)	38.15(30)	0(0)	0(0)	0(0)	1.1(0)	0(0)
B6	0.45(0)	15.4(10)	69.05(54)	88.9(71)	92.3(77)	0.45(0)	0.35(0)	66.6(52)	8.45(5)	0.35(0)

续表 5.5

Instances	Set I (800 s)						Set II (1000 s)			
	ILS	CBA	MA	GGA	H	TSCR	ILS	MA	HSA	TSCR
B7	32.65(23)	46.65(39)	148.85(142)	157.3(145)	168.5(150)	39.45(23)	32(22)	148.05(142)	58.3(47)	36.15(28)
B8	0(0)	0(0)	0(0)	37.8(30)	20.75(5)	0(0)	0(0)	0(0)	0(0)	0(0)
B9	0(0)	0(0)	0(0)	25(18)	17.5(3)	0.15(0)	0(0)	0(0)	0.05(0)	0(0)
B10	0(0)	1.95(0)	0.6(0)	38(32)	39.95(24)	0(0)	0(0)	0.7(0)	1.25(0)	0(0)
B11	0(0)	2.35(0)	0(0)	42.35(37)	26.05(22)	0(0)	0(0)	0(0)	0.35(0)	0(0)
B12	0(0)	0(0)	0(0)	0.85(0)	0(0)	0(0)	0(0)	0(0)	0(0)	0(0)
B13	0(0)	0(0)	0(0)	19.9(10)	2.55(0)	0(0)	0(0)	0(0)	0(0)	0(0)
B14	0(0)	0(0)	0(0)	7.25(0)	0(0)	0(0)	0(0)	0(0)	0(0)	0(0)
B15	0(0)	0(0)	0(0)	113.95(98)	10(0)	0(0)	0(0)	0(0)	0(0)	0(0)
B16	0(0)	0(0)	0(0)	116.3(100)	42(19)	0(0)	0(0)	0(0)	2(0)	0(0)
B17	4.8(0)	2.05(0)	127.3(117)	266.55(243)	174.9(163)	38.65(28)	4(0)	124.45(116)	89.9(76)	33.7(25)
B18	0(0)	1.7(0)	120.5(107)	194.75(173)	179.25(164)	2.6(1)	0(0)	118.75(107)	62.6(53)	2.35(1)
B19	24.65(12)	53.2(40)	216.8(207)	266.65(253)	247.35(232)	26.5(18)	24.55(12)	214.5(207)	127(109)	23.8(17)
B20	0(0)	14.5(9)	117.7(111)	183.15(165)	164.15(149)	16.8(11)	0(0)	117.35(111)	46.7(40)	15.3(10)
AVG&STD	3.12&8.66(1.75&5.53)	7.05&14.98(4.95&11.86)	40.04&67.45(36.9&63.31)	81.0&86.33(71.5&80.3)	62.19&78.52(52.3&72.6)	6.22&13.11(4.4&9.33)	3.05&8.54(1.70&5.34)	39.52&66.69(36.75&63.22)	19.83&36.94(16.5&31.5)	5.58&11.75(4.04&8.57)
CV	2.77(3.16)	2.12(2.40)	1.68(1.71)	1.06(1.12)	1.26(1.38)	2.11(2.12)	2.80(3.14)	1.68(1.72)	1.86(1.90)	2.11(2.12)
Minimum Feasibility	18	15	14	5	7	13	18	14	14	14
Maximum Feasibility	16	11	13	2	5	15	16	13	9	15
Best Performer	20	11	13	2	5	14	20	13	9	15

　　综上所述,TSCR 和其他算法获得的可行解总数如表 5.6 所示。显然,TSCR 实现了与 CBA 相同的性能,优于除 ILS 之外的所有其他参考算法。

表 5.6　计算结果与三组实例的结果比较

Group	CBA	MA	GGA	H	HSA	EIS	SA-M	ILS
Small(20)	20	20	18	20	19	20	20	20
Medium(20)	20	20	15	16	17	20	20	20
Big(20)	15	14	5	7	14	12	13	18
Total	55	54	38	43	50	52	53	58

5.4.2.2　统计分析

为了查看 TSCR 20 次运行的平均结果与参考算法报告的平均值之间是否存在统计学差异,我们对每个问题实例进行了 Friedman 检验和 Iman-Davenport 检验,显著性水平 α 为 0.05。对于 Set Ⅰ,Friedman 统计量服从自由度为 5 的卡方分布,Iman-Davenport 统计服从自由度为 5 和 295 的 F 分布;对于 Set Ⅱ,Friedman 统计服从自由度为 3 的卡方分布,而 Iman-Davenport 统计服从自由度为 3 和 177 的 F 分布。表 5.7 列出了对 Set Ⅰ 和 Set Ⅱ 的 60 个算例进行 Friedman 和 Iman-Davenport 检验的测试结果。

表 5.7　针对 60 数据集 SET Ⅰ 和 SET Ⅱ 的 Friedman 和
Iman-Davenport 检验结果 ($\alpha = 0.05$)

Instances	Friedman value	Value in χ^2	p	Iman-Davenport value	Value in F_F	p
Set Ⅰ	127.303	11.070	<0.0001	43.492	2.245	<0.0001
Set Ⅱ	47.799	7.815	<0.0001	21.332	2.656	<0.0001

从表 5.7 可以看出,原假设被 Friedman 和 Iman-Davenport 检验拒绝($p<\alpha$),这意味着所考虑的算法之间存在显著差异。为了进一步检验 TSCR 与其他参考算法之间是否存在统计差异,我们进行了 Post Hoc Holm 检验。Post Hoc 比较 60 个实例的结果见表 5.8。

表 5.8 中的统计结果表明,TSCR 在统计结果上优于 GGA、H 和 HAS,而 TSCR 与 CBA 和 MA 之间的差异在统计上不显著。正如文献[155]中所指出的,Lewis 数据集中的一些问题算例非常简单,它们的可行解可以很容易地通过所提出的算法得到,这可能会导致统计测试的灵敏度降低。因此,在剔除简单问题实例即

表 5.8　针对 60 数据集 SET Ⅰ 和 SET Ⅱ 的 Post Hoc 比较结果

Instances	i	算法	$z=(R_0-R_i)/SE$	P	Holm
	1	GGA	6.3531	0	0.0083
	2	H	3.4254	0.0006	0.0125
Set Ⅰ	3	CBA	1.1418	0.2535	0.0167
	4	MA	0.5855	0.5582	0.025
	5	ILS	−0.2635	1.2078	0.05
	1	HAS	3.6063	0.0003	0.0167
Set Ⅱ	2	MA	1.6971	0.0897	0.025
	3	ILS	0.2121	0.8320	0.05

通过 CBA、MA、ILS 和 TSCR 可以轻松获得可行解的实例，进行新一轮的统计检验，具体来说，在 Set Ⅰ 中保留了 23 个实例（称为 Set Ⅰ-hard23），在 Set Ⅱ 中保留了 16 个实例（称为 Set Ⅱ-hard16）。Friedman 和 Iman-Davenport 检验的结果列于表 5.9。由于拒绝原假设，应用 Post Hoc Holm 检验来比较所考虑的算法，结果列于表 5.10。

表 5.9　针对 SET I-hard23 和 SET Ⅱ-hard16 的 Friedman 和 Iman-Davenport 检验结果（$\alpha=0.05$）

Instances	Friedman value	Value in χ^2	p	Iman-Davenport value	Value in F_F	p
Set Ⅰ-hard23	15.095	7.815	0.002	5.401	2.6556	0.001
Set Ⅱ-hard16	11.825	5.991	0.003	6.450	3.0731	0.002

表 5.10　针对 Set Ⅰ-hard23 和 Set Ⅱ-hard16 的 Post Hoc 比较结果

Instances	i	算法	$z=(R_0-R_i)/SE$	P	Holm
	1	CBA	4.242681375	0	0.00167
Set Ⅰ-hard23	2	MA	2.503182011	0.0123	0.025
	3	ILS	−0.806109461	1.5798	0.05
Set Ⅱ-hard16	1	MA	5.860637331	0	0.025
	2	ILS	0.876356984	0.3808	0.05

从表 5.10 Post Hoc 比较结果中,我们可以看到在更难的测试算例上,TSCR 获得了明显优于 CBA 和 MA 的结果;同时可以看出,TSCR 的性能比 ILS 稍差,与上述表 5.3—表 5.6 的结论一致。

5.4.3 延长时间计算结果

在之前研究中使用的相同时间限制内,仍有 5 个较难算例无法通过 TSCR 构建出可行解。为了进一步评估 TSCR 的搜索潜力,在放松时间限制(24 h)内对这 5 个大规模算例,即 B7、B17、B18、B19 和 B20 进行了一组计算实验。同时,由于 ILS 对于实例 B7 和 B19 都没有找到可行的解决方案,所以也对放松停止条件下的两个较难求解算例进行计算实验,以此与 ILS 进行比较。同样,每个算例独立运行求解 20 次。

表 5.11 中 avg. 和 best 分别代表每个算例(Instance)20 次运行的平均结果和最佳结果。列 time(s)表示每个算例获得可行解的平均时间。注意,如果在时间限制内无法找到可行解,则在相应的单元格中显示"NA"。符号"—"表示不进行计算实验。

表 5.11　24 小时对 5 个较难的大规模算例的计算结果

Instances	ILS			TSCR		
	avg.	best	time(s)	avg.	best	time(s)
B7	24.5	16	NA	0.90	0	59970.42
B17	—	—	—	0.85	0	35476.22
B18	—	—	—	0	0	10978.29
B19	15.25	7	NA	0.75	0	28291.13
B20	—	—	—	0.45	0	6740.53

表 5.11 显示了 TSCR 和 ILS 在 24 h 时间限制内对较难算例获得的结果。可以看出,TSCR 在放松条件下得到的结果优于 1000 s 内得到的结果。特别是,对于这 5 个最为困难的算例,TSCR 可以获得可行解。然而,随着计算时间的延长,ILS 仍然无法为 B7 和 B19 找到可行的解决方案;此外,可以观察到即使停止条件放宽到这种程度,解决方案的质量也几乎没有提高。

5.5　分析讨论

在本节中,我们将注意力转向本研究的第二个目标,即分析所提出的 TSCR 算法的一些重要特征。具体来说,我们试图回答两个重要问题:我们提出的两个邻域(N_1 和 N_2)的组合是否真的有价值? 在没有随机接受策略(使用相同的邻域)的情况下,所提出的算法的性能如何? 下面我们将给出一系列实验分析并试图回答这些问题。

5.5.1　邻域组合的重要性

为了评估邻域组合如何提高搜索效率,我们首先将所提出的算法仅采用邻域 N_1(IntraRoomSwap)来求解 5 个最难的大规模算例(即 B7、B17、B18、B19 和 B20),然后仅通过邻域 N_2(InterRoomSwap)的算法解决这些实例。为了公平比较,这里的时间限制也设置为 800 s。将采用邻域 N_1 和 N_2 的每个算例进行 20 次独立运行的平均结果与采用 $N_1 + N_2$ 运行(即 $N_1 \bigcup N_2$)的平均结果进行比较,结果如图 5.3 所示。

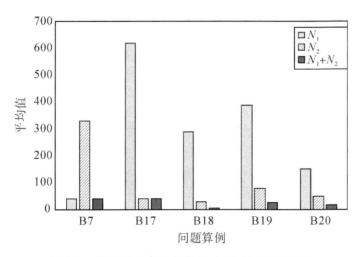

图 5.3　邻域 N_1, N_2 和邻域 $N_1 + N_2$ 平均结果比较

从图中很容易观察到,比如 B7,N_1 得到的结果与 $N_1 + N_2$ 相似,比 N_2 好很多;相反,对于其他 4 个算例,N_1 获得的结果分别比 N_2 和 $N_1 + N_2$ 差得多。如果我们将邻域 N_2 添加到 N_1 独立执行的算法中,即邻域 N_1 和 N_2 组合,结果可以显著改善。从这些计算结果可以得出结论,两个邻域(N_1 和 N_2)是互补的,两个邻域的组合是有意义的。

5.5.2　接受准则比较

为了评估所提出的可控随机化策略的优点,我们进行了一组计算实验,以便于使用传统接受标准的禁忌搜索算法与所提出的方法(使用相同的邻域等)进行比较。实验方案同上。

使用传统接受标准的禁忌搜索算法进行 20 次运行的平均值和 TSCR 的结果如图 5.4 所示,分别用"传统接受准则"和"随机控制"表示。显然,如果在所提出的算法中不使用可控随机化策略,所得方法的性能要差得多。

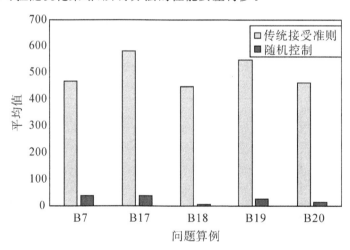

图 5.4　传统接受准则和随机控制方法比较

5.6　结论

本章求解了 UCTP 的一个特殊问题,其目标是构建一个可行的课程表。尽管它很简单,但这个问题仍然是 NP-hard。在将问题转换为优化过程中只需要考虑一个硬约束的数学公式之后,我们提出了一种新的算法来解决这个问题,它将几个新的策略集成到 TS 框架中。首先,引入并联合使用两个互补的邻域来确保集中搜索,并提出了一种快速评估技术来减少邻域搜索所消耗的时间。其次,邻域搜索采用阈值机制。通常,无论多么糟糕,在 TS 中都接受非改进的移动,而在提出的 TSCR 中,如果某个迭代中的最佳邻域解 S' 比给定的阈值差,它将被丢弃。最后,提出了一种随机接受策略,即以给定的概率接受非改进邻域,从而将解质量的恶化控制在可接受的范围内。

我们评估了所提出的 TSCR 算法在 60 个 Lewis 算例上的性能。计算实验表明,与 8 种参考算法相比,该算法具有竞争力。在可行解的数量上,TSCR 可以产生 55 个可行解,比其他 6 种参考算法多,仅比 ILS 少。此外,当时间限制延长到 24 h 时,我们可以看到所提出的算法表现出更好的搜索能力,可以为所有实例产生可行解,其中两个在以前的研究中一直没有获得可行解。这些实验和比较验证了所提出算法的有效性。请注意,该算法是第一个可以为所有 60 个测试实例找到可行解的算法。

第6章 基于竞争搜索的 UCTP 求解算法

对于许多实际的 UCTP 问题,除了必须满足硬约束,通常还要尽量满足实际问题中存在的多种软约束,才能获得一个令多方面满意的高质量解。

本章针对包含了软、硬约束的 UCTP 问题,针对迭代局部搜索算法邻域设计相对固定的缺陷,提出一种新颖的启发式算法框架——基于迭代局部搜索的竞争搜索算法,并在第二届国际时间表大赛的基准数据集上进行了实验验证。

6.1 引 言

UCTP 是教育时间表领域中的一个热点问题。该问题有多种变体,在不同的变体中,目前有两种被认为已形成标准体系,并以竞赛求解问题的方式在国际时间表竞赛 ITC – 2002 和 ITC – 2007[161] 中体现出来。这两个体系分别是基于学生注册选课的时间表问题(post-enrollment course timetabling,PE-CTT)[162] 和基于课程的时间表问题(curriculum-based course timetabling,CB-CTT)[163],二者都是经典的 UCTP 问题,它们在研究界受到了相当大的关注,以至于很多研究文章都会涉及其中一种。

这两个体系的显著区别在于问题的冲突来源。在 PE-CTT 中,冲突的来源是学生注册后选课的约束;而在 CB-CTT 中,冲突则主要来自同一预设课程组的课程。然而,这仅是差异之一,在问题相关特性和具体约束条件上,二者也存在许多不同。例如,在 PE-CTT 中,每门课程都是一个独立的事件;而在 CB-CTT 中,一门课程包含多个子课程。在 PE-CTT 中，所有软约束都与事件相关，包括课程连续性、课程孤立性等；而在 CB-CTT 中，软约束主要涉及课程组和课程，目的是尽量保证同一个课程组内课程的紧凑性，每门课程的一周课次尽量均匀安排，并尽可能将一门课程的教室固定等。

CB-CTT 是由 Gaspero 等人[163]在第二届国际时间表竞赛（ITC – 2007）中首次提出的。ITC – 2007 主要包括三个教育时间表问题：考试时间表问题（Exam-T）；基于学生注册选课的时间表问题（PE-CTT），基于课程的时间表问题（CB-CTT）。在该届大赛中，Müller 采用基于约束的混合启发式局部搜索算法分别对 Exam-T 和 CB-CTT 进行求解，在本次比赛中获得第一名[164-165]。Lü 和 Hao 将一种自适应禁忌搜索（adaptive tabu search，ATS）的混合启发式算法应用于 CB-CTT 问题实例[166]。Clark 等人在 ITC – 2007 时间表竞赛中应用基于修复的启发式搜索算法求解 CB-CTT[167]。Geiger 采用了一种基于阈值接受准则的随机邻域方法来克服求解 CB-CTT 时的局部最优问题[168]。Atsuta 等人应用约束满足问题（constraint satisfaction problem，CSP）实现了禁忌搜索和迭代局部搜索算法的混合，以此处理加权约束[169]，并将该求解算法应用到 ITC – 2007 的三个竞赛系列。除了参赛的一些学者外，赛后也有不少研究者对 CB-CTT 问题保持了较高的兴趣与持续的关注，例如，Abdullah 采用基于电磁原理的元启发式算法对该问题进行求解[193]，Bellio 提出基于参数统计的局部搜索算法 FBT[194]和 F-RACE[170]来解决该问题，等等。该数据集已经逐渐成为教育时间表问题领域中一个极具挑战性的基准数据集。

本章针对 CB-CTT 问题提出了一种全新的算法框架——竞争搜索算法。该算法本质上是通过邻域结构的改变使搜索方向发生改变，从而避免搜索陷入局部最优。通过对同一组邻域结构集设置不同的选择概率，形成对解空间不同区域的竞争性探索，使搜索能较快寻找到更有希望的区域，再通过局部搜索策略对该区域进行深入挖掘。该过程不断迭代，逐步逼近最优解。竞争搜索算法与变邻域（variable neighborhood search，VNS）算法在本质上有一定的相似性，在传统的变邻域搜索算法中，搜索过程是从最小邻域开始，通过系统地改变邻域结构扩展搜索范围，获得局部最优解后，再重新从最小邻域开始搜索到下一局部最优解。变邻域算法具有简单、高效、参数少等优点,但当求解问题复杂、解空间规模巨大时,会导致求解时间过长,而且该算法按固定规则对邻域结构集循环搜索,使得搜索过程僵化,缺乏灵活性。在变邻域算法中,邻域结构集中算子的设计决定了搜索的效果,全局性差的邻域结构集很难获得全局最优解。

本章提出的竞争搜索算法原理简单,易于实现,可以改善由于迭代局部搜索算法迭代策略单一进而限制搜索范围的缺陷,并且可以很方便地移植到其他复杂组合优化问题上,具有较强的通用性。通过对当前挑战性较大的 CB-CTT 问题的实验验证,其结果证明了所提方法的有效性。

6.2　问题定义

一般来说,同时满足了硬约束和软约束的时间表称为 UCTP 问题的最优解。本质上,该问题由以下实体组成。

(1)天、教学日和时段(days,timeslot,periods):每周有若干个教学日。每个教学日被划分为固定数量的时段。每个教学日的时段数相同。一个时段是指一个教学日中的一个上课时段。

(2)课程与教师(courses,teacher):每门课程每周由固定数量的节次数组成,可在不同的时段安排,由一定数量的学生参加,由一名教师授课。一周中每一门课程的课次都要安排在其规定的最少天数内。此外,约束要求某些时段不能安排某些课程。

(3)教室(rooms):每个教室都有一定容量,即座位数。有些教室可能不适合安排某些课程,例如该教室缺乏某些课程授课必要的教学设备。

(4)课程组(curricula):课程组是一组包含了共同学生的几门课程。因此,属于同一课程组的课程如果安排在同一时段会发生冲突。

排课问题的求解本质上是一个解决教室 $R=\{r_1,r_2,\cdots,r_m\}$、课时 $P=\{p_1,p_2,\cdots,p_n\}$、课程 $C=\{c_1,c_2,\cdots,c_t\}$ 等教育资源矛盾的多因素优化决策过程。

在模型中,定义 X 为候选解课表,每周 d 天,每天 h 节,一周总时段数 $n=d\times h$。

x_{ij} 为安排在 r_i 教室 p_j 时段的课程,事件 $G=\{g_1,g_2,\cdots,g_s\}$ 是绑定了教师、学生和第

几次课信息的课程集合,$|G|=\sum\limits_{i=1}^{t}cl_i$,$cl_i$ 为第 i 个课程每周需要上的节次数。con_{ij}

为课程 c_i 和 c_j 的冲突情况,有冲突为 1,无冲突为 0。$excl_{ij}$ 为课程 c_i 是否可安排到时

段 p_j,可安排为 1,不可安排为 0。stu_i 为课程 c_i 的学生数,rm_i 为教室 r_i 的座位数,rn_i

为课程 c_i 分配的房间数。dm_i 为课程 c_i 要求的最小工作日,dn_i 为 X 中课程 c_i 的实际

工作日。Cr_i 为课程组 i 的课程集合,$CR=\{Cr_1,Cr_2,\cdots,Cr_s\}$ 为课程组的集合,$cp_{i,j}$

为 Cr_i 里的课程是否被安排在 p_j 时段,安排为 1,未安排为 0。

　　根据待求解问题及参数定义,具体的硬约束和软约束描述及相应的数学表达式

如下节所述。

6.2.1　硬约束及其数学表达式

H_1:每门课都要安排在指定的时段和教室。

$$\forall g_k \in G: \exists x_{ij} = g_k$$

H_2:相同的时段和教室不能同时安排两门课。

$$\forall x_{ij}, x_{kl} \in X, x_{ij} = g_u, x_{kl} = g_v,$$
$$(i=k) \wedge (j=l): u=v$$

H_3:涉及相同学生或教师的课程不能安排在同一时段。

$$\forall x_{ik}, x_{jk} \in X, x_{ik} = c_u, x_{jk} = c_v: con_{uv} = 0$$

H_4:教师指定不授课的时段不能安排该教师授课。

$$\forall x_{ij} = c_k \in X: excl_{kj} = 0$$

6.2.2　软约束及其数学表达式

S_1:每门课的学生人数不能超过所安排教室的最大容量。

$\forall x_{ij} = c_k \in X$:

$$z_1(x_{ij}) = \begin{cases} stu_k - rm_i, & \text{if } stu_k > rm_i, \\ 0, & \text{otherwise} \end{cases}$$

S_2：每个班同一门课尽量安排在相同的教室。

$$\forall\, c_i \in \boldsymbol{C}：z_2(c_i) = m_i - 1$$

S_3：每个班同一门课应该均匀安排在给定的最小工作日。

$$\forall\, c_i \in \boldsymbol{C}：$$

$$z_3(c_i) = \begin{cases} dm_i - dn_i,\text{if } dn_i < dm_i, \\ 0,\text{otherwise.} \end{cases}$$

S_4：同一天内同一个课程组中的课要连着安排。

$$\forall\, x_{ij} = c_k \in \boldsymbol{X}：$$

$$z_4(x_{ij}) = \sum Cr_q \in CRx\,\{c_k \in Cr_q\} \cdot a\ln_{qj},$$

Where

$$a\ln_{qj} = \begin{cases} 1,\text{if}(j\bmod h = 1 \vee cp_{q,j-1} = 0) \wedge (j\bmod h = 0 \vee cp_{q,j+1} = 0), \\ 0,\text{otherwise} \end{cases}$$

根据以上表达式，我们能够用式（4.1）计算一个可行的候选解 $\boldsymbol{X}$ 的软冲突惩罚值。

$$Z(X) = \sum Cr_q \in CR\, v_1.z_1(x_{ij}) + \sum\nolimits_{Cr_q \in CR} v_2.z_2(c_i) +$$

$$\sum\nolimits_{Cr_q \in CR} v_3.z_3(c_i) + \sum\nolimits_{Cr_q \in CR} v_4.z_4(x_{ij}) \qquad (4.1)$$

获取最优排课方案的目标就是寻找一个可行解 X^*，使得 $Z(X^*) \leqslant Z(X)$；v_1、v_2、v_3、v_4 为每个软约束的惩罚系数。

6.3　基于竞争搜索的求解算法

6.3.1　算法框架

在元启发式算法中，邻域结构的设计对算法性能有较大影响，例如，著名的变邻域搜索和大邻域搜索算法等[31-33]。这些算法的共同点是通过邻域的变化使得搜索空间发生改变，从而有更大希望跳出局部最优。受邻域相关算法的启发，本章提出一种基于邻域结构改变的竞争搜索算法,该算法本质上是通过多种邻域结构的改变而使得解空间范围发生改变,从而跳出局部最优,但它与变邻域搜索算法或大邻域搜索算法在算法框架上有很大不同,下面我们将详细介绍该算法的主要特征及实现过程。

竞争搜索算法过程如下:在构造阶段,首先利用贪婪启发式算法获得可行解,然后将该可行解作为下一步局部寻优的初始解。在局部寻优阶段,对两个不同选择概率的邻域结构集合 NSet Ⅰ 和 NSet Ⅱ 分别采用模拟退火算法进行深度搜索(详见4.3.3),使两种邻域结构集合形成竞争状态,挑选表现更好的邻域结构集合的当前解进入下一轮搜索,对模拟退火重新升温,重复之前的竞争步骤,该竞争过程反复迭代,直到达到停止条件(获得全局最优解或达到竞赛标准时间)。算法流程图见图 6.1。

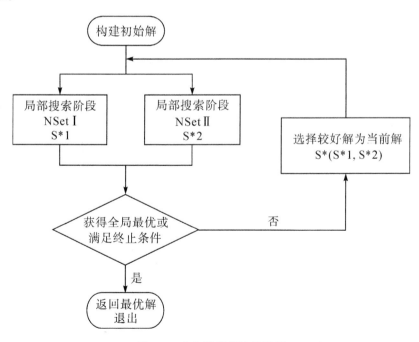

图 6.1　竞争搜索算法流程图

从竞争搜索算法的流程图可以看出,竞争搜索算法的核心在于两个邻域结构集合中的邻域被选择概率的不同,这种不同会导致在不同的邻域状态下局部搜索可以有更多的选择,从而使搜索的每个阶段都能挑选一种更适合问题当前状态的邻域结构集合。在局部搜索阶段,并不一定选择模拟退火作为局部搜索的算法,这里仅提供一种竞争搜索算法的框架,不同阶段的寻优过程可以根据待求解问题的特性来做出更有利的选择。

6.3.2 构建初始解

在初始解构造阶段,初始化时间表为 $R \times P$ 矩阵, $R = \{r_1, r_2, \cdots, r_m\}$ 为所有可用教室的集合, $P = \{p_1, p_2, \cdots, p_n\}$ 为一周内所有可上课的时段,例如, p_1 为周一上午第1、2节课。由于课程和授课教师,课程和上课学生是关联的,因此矩阵中的行代表每个班级的排课方案,整个矩阵代表所有班级的排课方案。

由于每个课程包括固定的节次,而安排到时间表中的名称相同,很难对其定位,因此为了在操作过程中能够更快速地定位某个已安排课程的具体节次,我们在该时间表的基础上加入了每个课程节次的标记,将其转化为一个三维矩阵,并建立了附加矩阵进行辅助搜索。具体时间表结构如图 6.2 所示。

	p_1		p_2		p_3		$\cdots$		p_{12}		$\cdots$		p_n	
r_1	C1	0	C3	1	C1	1	−1	−1	C1	2	−1	−1	C1	4
r_2	C3	0	C1	3	C3	2	−1	−1	−1	−1	−1	−1	C3	5
$\cdots$	−1	−1	−1	−1	−1	−1	−1	−1	−1	−1	−1	−1	−1	−1
r_m	−1	−1	−1	−1	−1	−1	−1	−1	−1	−1	−1	−1	−1	−1

（a）时间表矩阵

	0	1	2	$\cdots$	10
C1	r_1, p_1	r_1, p_3	r_1, p_{12}	$\cdots$	−1
C2	r_5, p_1	r_5, p_2	r_5, p_5		−1
C3	r_2, p_1	r_1, p_2	r_2, p_3		−1
$\cdots$	$\cdots$	$\cdots$	$\cdots$	$\cdots$	$\cdots$
Cn	−1	−1	−1	$\cdots$	−1

（b）课程-课次矩阵

图 6.2　时间表矩阵及课程-课次矩阵图

从图 6.2 可以看出,假设课程 C1 有 4 节次课,那么时间表矩阵[图 6.2(a)]中的灰色单元格表示 C1 的每个节次所安排的房间和节次号。为了能够在搜索时快速定位 C1 的某个节次,可以通过图 6.2(b)的课程-课次矩阵迅速找到。在实验中,我们发现,使用这种数据结构的设计,可以为搜索过程节省大量的时间,大大提高搜索效率。

根据前面的问题描述,采用基于序列的贪婪启发式算法来构造可行解,该可行解必须满足所有硬约束。初始化是一个不断在待分配课程事件集里动态选择最难安排的事件,以及在由时段和房间决定的可利用资源集里选择被请求最少的资源的过程。资源具体指时间表矩阵中可放的位置。

最难安排的课程定义为课程的可选时段 ap 最少,而该课程所剩余未被安排的课次 uc 最多,用 ap 与 uc 的比值决定。请求最少的资源定义为在所有当前课程允许安排的资源(时段＋房间)中,被剩余未安排课程事件请求数量最少的资源。

6.3.3　局部搜索

6.3.3.1　模拟退火

模拟退火算法作为一种经典的局部搜索算法,其灵感源自物理中固体退火原理。固体的结晶状态通常是内能最小的状态,将固体加温至充分高,此时,固体内部粒子呈随机排列状态,内能增大;再让其逐步降温冷却,此过程使得粒子趋于有序,每个温度都能达到平衡态,最后常温时达到内能最小的基态。根据 Metropolis 准则,粒子在温度 T 下趋于平衡的概率为 $\exp(-\Delta E/kT)$,其中 E 是温度 T 处的内能,ΔE 是变化量,k 是玻尔兹曼常数。与之相对应,模拟退火算法的过程是首先找到一个初始解作为当前解,并设定一个初始温度值 T,然后按照一定的策略在邻域中搜索新的候选解,计算候选解与当前解之间的差值 ΔE,若候选解质量退化,按照概率 $\exp(-\Delta E/aT)$ 接受候选解为新的当前解。在不断迭代的过程中,温度 T 通过公式 $T'=a \cdot T$ 逐步降温,其中 a($0 < a < 1$)为冷却率,不断减少退化解的接受概率,最终找到近似解。

SA 算法包括很多参数,这些参数需要根据问题规模等特性和经验来设置。在求解 CB-CTT 问题时,我们进行了大量的调参实验,最终确定了一组较为理想的参数配置,见表 6.1。

表 6.1   重要参数设置与配置

参数	描述	值
TL	SA 中温度下降次数(迭代控制温度下降)	1×10^3
L	每个温度下尝试交换次数	2×10^3
T_0	初始温度($\Delta < 0$)	20
a	冷却系数	0.995
$Iter$	竞争搜索迭代次数	$[1, 20]$

6.3.3.2   邻域

在局部搜索算法中,邻域结构设计的合理与否是对算法效果影响最大的因素之一。用 $X \to mv$ 表示当前解 X 在一次邻域移动之后,得到的一个新的可行解。$M(X)$ 是从 X 出发,所有可以通过一步移动到达的解的集合,则当前解 X 的邻域 NL 可被定义为:$NL(X) = \{ X \to mv \mid mv \in M(X) \}$。

依据排课问题的特殊性,我们设计了两类邻域结构:基于简单交换的邻域($N_1 \sim N_3$)和基于软约束交换的邻域($N_4 \sim N_6$)。简单交换有利于扩大搜索的范围,基于软约束交换的邻域可以使算法迅速向较优的方向收敛。两种邻域结构的交替使用使得获得全局最优解的概率以及收敛速度都有很大的提高。

(1)简单交换

N_1 时段交换:随机选择一个课程事件,移动或交换到另一时段,交换后无硬冲突。

N_2 房间交换:随机选择一个课程事件,移动或交换到另一房间,交换后无硬冲突。

N_3 课程交换:随机选择一个课程事件,与另一个事件(或空事件)交换,交换后无硬冲突。

(2)基于软约束交换

N_4 房间稳定性交换:尝试可降低房间稳定性惩罚值的交换。随机选择一个课程,该课程所用房间超出一个,将该课程的所有课次移动到同一个房间。

N_5 最小工作日交换:尝试可降低最小工作日惩罚值的交换。随机选择一个违反该约束的课程,将同一工作日内安排了两次该课程时移出一个到未安排该课程的工作日内。

N_6 课程连接性交换:尝试可降低课程连接性惩罚值的交换。随机选择一个与同一专业其他课程无连接的课程,将该课程移动到同一专业中其他课程前或后的时段。

6.3.3.3　搜索过程的 Δ 计算

对当前解在不同邻域下进行移动操作,都会引起解状态的改变,相应地就要重新评估当前解与候选解状态的差距。如果每次移动都要重新整体评估目标函数值,特别是其中几个软冲突值的计算,会消耗大量的时间成本,极大地影响算法运行效率。实际操作中,我们仅对移动前后的解状态进行 Δ 计算,并且仅根据当前移动所造成的具体变化进行评估,使评估过程变得更加高效。

事实上,任何一种邻域的移动仅会引起相关房间或时段违反值的变化,或者同时影响两者。这时,我们只需根据当前移动所引起的相关变化进行评估即可。例如,N_1 的移动仅会引起时段的变化,N_2、N_4 的移动仅会引起房间的变化,N_3、N_5、N_6 的移动则会引起时段和房间两者的变化。

6.3.3.4　候选邻域结构集合选择概率设定

两个邻域结构集合的选择概率是竞争搜索算法的核心。在每次搜索时,只能从当前选定的邻域结构集合中挑选一种邻域作为该次搜索的邻域移动。邻域集合中共有 6 种邻域结构,每种对应着不同的移动方式,其搜索效率也有很大差异。表 6.2 给出了随机挑选的 5 个算例(Instances)在每次仅选用一种邻域(f)迭代一次运行 30 次的均值及计算时间(括号内),可以看出,不同邻域的搜索结果差异巨大。从计算时间来看,N_2 和 N_4 在相同的迭代次数下所花费的时间最少,N_5 和 N_6 花费的时间最多,虽然 N_1 和 N_3 在运行时间和结果上都有不错表现。但经过进一步实验表明,如果仅使用 N_1 和 N_3 这两种邻域结构,搜索过程很容易陷入局部最优;而 6 种邻域结合的方式,可以获得更优异的表现。

表 6.2　5 组算例单独使用一种邻域迭代一次运行时间及结果

Instances	f					
	N_1	N_2	N_3	N_4	N_5	N_6
Comp02	331.8(4.50)	1051.2(0.53)	158.4(5.6)	1058.4(1.21)	1010.2(8.93)	939.2(12.82)
Comp05	859.9(8.57)	1976.3(0.55)	851.1(8.41)	2054.3(0.9)	2014.3(6.51)	1872.7(24.53)
Comp12	653.4(8.14)	1798.0(0.56)	505.9(9.84)	1802.2(1.22)	1795.2(9.02)	1475.5(28.38)
Comp15	271.7(4.22)	808.8(0.59)	186.6(4.81)	803.3(1.38)	871.6(8.09)	802.9(11.79)
Comp20	772.0(4.16)	2004.3(0.56)	187.2(5.23)	2049.6(1.27)	1946.6(12.05)	1927.4(14.59)

　　由于每一种邻域结构不同,搜索区域也不同,邻域之间也必然存在交叉现象。如何达到多种邻域结构下的共同局部最优,需要在搜索过程中对不同的邻域结构设置不同的选择概率,范围广的邻域被选择概率高一些,范围小且搜索一次较耗时的邻域被选择概率低一些。不同的邻域搜索概率对搜索结果会产生不同的影响。下面主要介绍邻域选择概率的设定过程。

　　通过观察表 6.2 中不同邻域在不同样本上的运行结果,可以看出,简单邻域 N_1、N_2、N_3 为基本邻域;邻域 N_4、N_5 和 N_6 为基于软约束的邻域,具有定向搜索能力,但容易陷入局部最优,且 N_5、N_6 两个邻域计算代价较高。由于 6 种邻域之间选择概率的组合过多,经过观察与分析,我们给出了以下 3 种邻域选择概率。

　　(1)6 种邻域设定相同的选择概率:16.67%。

　　(2)根据不同邻域的计算结果,按照解的质量可排序为:$N_3 > N_6 > N_1 > N_2 \approx N_5 > N_4$,将表现较好的 N_3、N_6、N_1 设定相同的邻域选择概率,而 N_2、N_5、N_4 设定相同的选择概率,且前者为后者的两倍,分别为 22.22% 和 11.11%。

　　(3)考虑简单邻域 N_1、N_2、N_3 为基本邻域,这三种给出稍高的选择概率,共 60%,其中 N_2 时间代价最小但质量也最差,因此给出最低的选择概率;N_1、N_3 之间的差距约 10%;基于软约束的邻域 N_4、N_5、N_6 共 40%,每种之间差距约 5%。详见表 6.3。

表 6.3　邻域集合选择概率设定

f	NSet 0	NSet Ⅰ	NSet Ⅱ
N_1	16.67%	22.22%	22.22%
N_2	16.67%	11.11%	4.44%
N_3	16.67%	22.22%	33.33%
N_4	16.67%	11.11%	8.89%
N_5	16.67%	11.11%	13.33%
N_6	16.67%	22.22%	17.78%

对于不同算例,不同的邻域结构选择概率会产生不同的结果,我们分别对仅使用一种邻域选择概率和三种选择概率两两组合竞争搜索做了实验分析,均为竞赛时间内独立运行 30 次的平均值,结果见表 6.4。我们应用 t 检验来检测表 6.4 中 NSet Ⅰ & Ⅱ 和其他 5 个方法($\alpha = 0.05$ 显著性水平)是否存在显著性差异,结果显示 NSet Ⅰ & Ⅱ 与其他方法相比,具有显著性差异,明显优于单独使用任何一种邻域搜索概率和其他两种邻域搜索概率组合模式。

表 6.4　三种邻域集合选择概率及两两竞争独立运行 30 次目标函数均值比较

Instances	NSet 0	NSet Ⅰ	NSet Ⅱ	NSet Ⅰ & 0	NSet Ⅱ & 0	NSet Ⅰ & Ⅱ
comp01	5.00	5.00	5.00	5.00	5.00	5.00
comp02	53.17	51.96	52.70	50.57	51.50	50.60
comp03	80.70	79.73	79.69	79.47	78.50	78.23
comp04	39.57	38.92	38.57	38.60	38.76	38.27
comp05	317.3	319.10	317.50	318.97	316.93	316.93
comp06	52.63	52.33	52.57	52.00	51.67	51.47
comp07	21.33	21.53	21.77	21.43	22.03	21.00
comp08	43.23	42.38	42.53	42.27	42.33	42.00
comp09	106.60	106.73	106.37	106.23	106.50	106.33
comp10	19.07	18.81	18.53	18.03	17.70	17.60
comp11	0.00	0.00	0.00	0.00	0.00	0.00
comp12	353.33	351.47	351.83	351.1	347.60	347.60
comp13	71.60	72.07	71.27	70.93	70.83	70.77

Instances	NSet 0	NSet Ⅰ	NSet Ⅱ	NSet Ⅰ & 0	NSet Ⅱ & 0	NSet Ⅰ & Ⅱ
comp14	59.47	58.97	58.67	58.67	58.00	57.77
comp15	81.63	79.77	78.63	78.83	78.60	78.13
comp16	38.70	38.13	38.60	39.1	37.87	36.97
comp17	82.23	81.27	81.07	81.33	80.10	80.40
comp18	79.16	83.87	82.80	79.40	79.17	81.10
comp19	67.13	67.13	67.10	66.47	66.33	65.93
comp20	37.50	36.93	37.73	36.20	36.23	35.17
comp21	106.20	106.60	104.87	106.93	105.47	104.77

为了更加直观地显示三种选择概率的竞争结果差异,我们对三种选择概率两两竞争结果运行 30 次的目标函数惩罚值的平均值进行归一化比较,对于每一个样本,其归一化后的目标函数惩罚值的平均值 $g = (f - f_{\min})/(f_{\max} - f_{\min})$,$f$ 为原始目标函数惩罚值均值,$f_{\max}$ 和 $f_{\min}$ 分别为三种选择概率两两竞争结果的最好均值和最差均值,很明显,最好的邻域集合竞争组合转化后的函数值为 0,相反则为 1。图 6.3 显示了三种邻域选择概率组合竞争的结果,两两竞争的组合中 NSet Ⅰ & Ⅱ 明显优于 NSet Ⅰ & 0 和 NSet Ⅱ & 0。

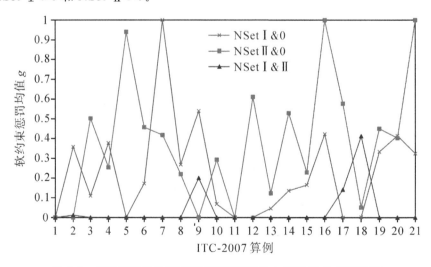

图 6.3　三种邻域集合选择概率两两竞争独立运行 30 次均值比较

6.3.4　迭代优化

实际上,利用任何一种候选邻域集选择概率标准都能够在 SA 进行局部搜索后,达到快速收敛的效果。当收敛达到局部最小时,为了对当前解进一步改进,本章采用重新升温的方式对当前解进行扰动,同时采用竞争搜索做尝试,通过两个邻域结构集合的竞争,选择结果更好的解作为下次 SA 重新升温时再进行局部搜索的初始解。此过程反复迭代,直到达到终止条件。

下面我们将随机选取一个算例(comp09),给出其获得初始解后第一次模拟退火的迭代过程。从图 6.4 可以看出,一个模拟退火的过程使得搜索过程达到令人满意的收敛效果,而收敛到达底部时却很难再改进,因此需要在当前解的基础上进行适当的扰动,使得搜索过程可以跳出局部最优,该扰动过程我们采用模拟退火回温并迭代的方式。从图 6.5 中可以看出,经过 9 次迭代后(竞赛限定时间),惩罚值得到了进一步的改进,说明迭代过程达到了明显的改进效果。

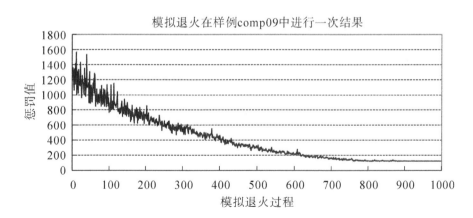

图 6.4　第一次模拟退火迭代过程中目标函数的变化

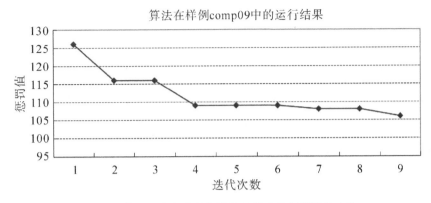

图 6.5   模拟退火多次回温迭代过程中目标函数的变化

6.3.5   算法复杂度分析

对于竞争搜索算法,其算法的时间复杂度与迭代搜索算法相当。设 NP 是课程事件的数,D 是问题维度(由时段数 P、房间数 R 和约束数 C 决定)。在模拟退火算法中,如果降温过程的迭代数为 tl,等温过程的迭代数为 L,则基本局部搜索的时间复杂度为 $O(tl \cdot L)$。为保证等温过程交换的充分性,设置 $L = NP \cdot D$。因此,对于外层迭代数为 I 的 ILS 算法,其整体运行时间是 $O(I \cdot tl \cdot NP \cdot D)$。

由于在局部搜索阶段采用两个独立的搜索进行竞争,因此其运行时间约为单个迭代局部搜索时间的两倍。但由于两个独立搜索采用不同的邻域组合,可以在一个独立搜索中采用时间复杂性较低的邻域组合,从而降低整体运行时间(可使其远低于两倍运行时间);并且随着降温过程的进行和接受差解的减少,所需的邻域移动进一步降低,受益于截断策略,算法的收敛速度将进一步提高。其最终时间复杂度为 $O[I \cdot \log(tl \cdot NP \cdot D)]$。

6.4   实验结果与分析

6.4.1   测试算例

为了验证竞争搜索算法的有效性,我们对第二届国际时间表大赛的 CB-CTT 问题(ITC 2007 track3)进行了实验验证。大赛规定及相关细节可参考网站 http://www.cs.qub.ac.uk/itc2007。该数据集共包含 21 个算例。表 6.5 显示了每个算例的课程数、房间数、最小工作日数等信息。其中 CELL 列表示时间表总的位置数，Occupancy 列为时间表可安排位置占用率(Events/CELL)，Course 表示需安排的课程数，Rooms 表示可用房间数，Days 表示一周可安排天数，Period 表示一天可安排的时段数，Curricula 表示课程组数，Events 表示所有需要安排的课程(有些相同课程需要一周安排多次)，实际上，通过对结果的分析可以发现，位置占用率的多少与算例的难易并不存在对应关系。Crricula 代表了会有多少课程在一个课程组中，课程组越多，课程间的冲突也越多，这样的算例显然更难于求解(如 comp05 和 comp12)。

表 6.5　ITC 2007 track3 数据集的数据特征

Instances	Course	Rooms	Days	Period	CELL	Curricula	Events	Occupancy
comp01	30	6	5	6	180	14	160	88.89%
comp02	82	16	5	5	400	70	283	70.75%
comp03	72	16	5	5	400	68	251	62.75%
comp04	79	18	5	5	450	57	286	63.56%
comp05	54	9	6	6	324	139	152	46.91%
comp06	108	18	5	5	450	70	361	80.22%
comp07	131	20	5	5	500	77	434	86.80%
comp08	86	18	5	5	450	61	324	72.00%
comp09	76	18	5	5	450	75	279	62.00%
comp10	115	18	5	5	450	67	370	82.22%
comp11	30	5	5	9	225	13	162	72.00%
comp12	88	11	6	6	396	150	218	55.05%
comp13	82	19	5	5	475	66	308	64.84%
comp14	85	17	5	5	425	60	275	64.71%
comp15	72	16	5	5	400	68	251	62.75%
comp16	108	20	5	5	500	71	366	73.20%
comp17	99	17	5	5	425	70	339	79.76%
comp18	47	9	6	6	324	52	138	42.59%
comp19	74	16	5	5	400	66	277	69.25%
comp20	121	19	5	5	475	78	390	82.11%
comp21	94	18	5	5	450	78	327	72.67%

    竞争搜索算法用 C++语言实现,在运行环境为 Intel(R) Core(TM) i5 - 4590 3.30 GHz 和 4.0 GB RAM 的 PC 上运行通过。竞赛给出了针对不同硬件配置计算机的基准时间换算程序,以保证算法性能可验证的公正性,程序最大运行时间不得超过竞赛标准时间。使用大赛网站给出的验证程序显示,我们的计算机硬盘配置环境下运行时间要求为小于 208s。

6.4.2   实验结果

    实验选择了当前文献中成绩最好的 6 种算法做对比,分别是国际时间表大赛总决赛前两名——Müller 的基于约束的混合启发式局部搜索算法(CSH)[165] 和 Lü、Hao 的改进禁忌搜索算法(ATS)[166],以及之后 Abdullah 混合了类电磁原理的元启发式算法和大洪水算法(EM-GD)[170],Bellio 于 2010 年提出的模拟退火-动态禁忌搜索算法(SA-DTS)[171] 和 2015 年基于参数统计的局部搜索算法 FBT 和 F-RACE[172]。表 6.6 给出了在竞赛时间下竞争搜索算法求解 ITC - 2007 track3 获得的结果,$f_{\min}$、f_{ave}、σ、T 分别为算法运行 30 次的最好值、平均值、方差和 5 倍运行时间(1000 s)的均值。注意,Best Known 为不限时时间内文献中其他算法给出的最好值;Lower bound 为当前文献中给出的所有算例的下界。

表 6.6   在竞赛时间下竞争搜索算法(CS)求解 ITC - 2007 track3 数据集结果

Instances	CS					
	$f_{\min}$	f_{ave}	σ	T	Best Known	Lower bound
comp01	5	5.00	0.0	0.00	5	5
comp02	37	50.60	3.9	47.83	24	16
comp03	71	78.23	3.4	75.1	66	52
comp04	35	38.27	1.6	37.2	35	35
comp05	299	316.93	7.2	308.8	284	183
comp06	46	51.47	3.0	48.03	27	27
comp07	15	21.00	2.3	17.5	6	6
comp08	37	42.00	2.1	40.63	37	37
comp09	101	106.33	2.5	103.97	96	92

续表 6.6

Instances	CS					
	f_{min}	f_{ave}	σ	T	Best Known	Lower bound
comp10	9	17.60	3.6	14.67	4	4
comp11	0	0.00	0.0	0.00	0	0
comp12	335	347.60	6.7	341.37	298	109
comp13	67	70.77	2.1	68.30	59	59
comp14	55	57.77	1.8	56.17	51	51
comp15	68	78.13	3.0	74.93	66	52
comp16	31	36.97	3.4	34.70	18	18
comp17	73	80.40	3.8	77.30	56	56
comp18	70	81.10	4.1	76.90	62	52
comp19	62	65.93	2.2	63.43	57	56
comp20	25	35.17	4.8	31.03	4	4
comp21	98	104.77	3.6	101.60	74	61

表 6.7　7 种算法在 ITC - 2007 track3 数据集上运行 30 次的平均值比较

Instances	CS(Us)	CSH	ATS	EM-GD	SA-DTS	FBT	F-Race
comp01	5.00	5.00	5.00	5.00	5.00	5.23	5.16
comp02	50.60	61.30	60.60	53.90	51.60	52.94	53.42
comp03	78.23	94.80	86.60	84.20	82.70	79.16	80.48
comp04	38.27	42.80	47.90	51.90	47.90	39.39	39.29
comp05	316.93	343.50	328.50	339.50	333.40	335.13	329.06
comp06	51.47	56.80	69.90	64.40	55.90	51.77	53.35
comp07	21.00	33.90	28.20	20.20	31.50	26.39	28.45
comp08	42.00	46.50	51.40	47.90	44.90	43.32	43.06
comp09	106.33	113.10	113.20	113.90	108.30	106.10	106.10
comp10	17.60	21.30	38.00	24.10	23.80	21.39	21.71
comp11	0.00	0.00	0.00	0.00	0.00	0.00	0.00
comp12	347.60	351.60	365.00	355.90	346.90	336.84	338.39
comp13	70.77	73.90	76.20	72.40	73.60	73.39	73.65
comp14	57.77	61.80	62.90	63.30	60.70	58.16	59.71

Instances	CS(Us)	CSH	ATS	EM-GD	SA-DTS	FBT	F-Race
comp15	78.13	94.80	87.80	88.00	89.40	78.19	79.10
comp16	36.97	41.20	53.70	51.70	43.00	38.06	39.19
comp17	80.40	86.60	100.50	86.20	83.10	77.61	78.84
comp18	81.10	91.70	82.60	85.80	84.30	81.10	83.29
comp19	65.93	68.80	75.00	78.10	71.20	66.77	67.13
comp20	35.17	34.30	58.20	42.90	50.60	46.13	45.94
comp21	104.77	108.80	125.30	121.50	106.90	103.32	102.19
AVG	80.28	87.26	91.26	88.13	85.46	81.92	82.26
STD	88.87	92.11	90.64	91.95	89.55	89.06	88.26
CV	1.10	1.06	0.99	1.04	1.05	1.09	1.07

表 6.7 为竞争搜索算法与其他 6 种比较算法在竞赛标准时间内独立运行 30 次的平均值。可以看出,在对平均值的比较中,竞争搜索算法表现优异,有 15 个算例获得了当前最优解。21 个算例的 AVG 值也明显优于其他比较算法。

为了能够更清楚直观地显示不同算法之间的差别,图 6.6 给出了竞争搜索算法与当前两种表现最好的算法(FBT 和 F-Race)结果的比较(在 ITC - 2007 track3 基准数据集上独立运行 30 次的平均值),由于不同的算例目标绝对值差别很大,不同

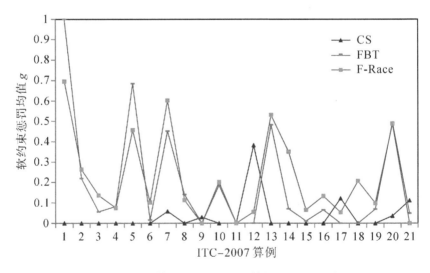

图 6.6　三种算法在 ITC - 2007 算例上的结果比较

算法获得结果之间的差值相对于目标绝对值比例过小,因此,我们仍然采用之前所述的平均值归一化进行比较,对于每一个样本,其归一化后的目标函数惩罚值的平均值 $g = (f - f_{min})/(f_{max} - f_{min})$,$f$ 为原始目标函数惩罚值均值,f_{max} 和 f_{min} 分别为三种算法结果的最好均值和最差均值,很明显,最好的算法算例结果转化后的函数值等于 0,相反则为 1。从图中可以看出,竞争搜索算法结果明显优于其他两种比较算法。

6.4.3　分析与讨论

从表 6.7 可以看出,竞争搜索算法相对于其他参考算法的优势并不能通过变异系数 CV 的度量得到充分的证明。为了进一步证明竞争搜索算法和其他算法之间的差异具有统计学意义,我们进行了 Friedman 和 Iman-Davenport 检验,事后多重检验方法采用 Bonferroni-Dunn、Holm 和 Li,之后又利用 Wilcoxon signed-ranks 非参数统计检验分析实验结果(每个算例上运行 30 次的平均值)。

我们应用 Friedman 和 Iman-Davenport 检验来检测竞争搜索算法(控制方法)和其他 6 个算法($\alpha = 0.05$,显著性水平)是否存在显著性差异。这两个测试的原假设 H_0 假定算法的结果是相等的。表 6.8 报告了 Friedman 检验和 Iman-Davenport 检验对 ITC - 2007 track3 的 21 个算例的检验结果。

表 6.8　ITC - 2007 track3 的 Friedman 和 Iman-Davenport 检验结果 ($\alpha = 0.05$)

Friedman	χ^2	p	Iman-Davenport	F_F	p
55.77551	12.5916	<0.000	15.884917	2.1750	<0.000

Friedman 统计服从自由度为 6 的卡方分布,Iman-Davenport 统计服从第一自由度为 6、第二自由度为 120 的 F 分布。从表 6.8 中我们可以看出,由于 $p < \alpha$,可以拒绝空假设,两种测试均显示竞争搜索算法与其他算法相比具有显著性差异。之后我们用 Bonferroni-Dunn、Holm 和 Li 方法进行事后多重检验,以检验最佳算法(CS)与其他对比算法之间的统计性差异。每个算法的 Average Rank 值和 Bonferroni-

Dunn 测试结果如图 6.7 所示，Holm 和 Li 方法的 Post Hoc 比较结果如表 6.9 所示。

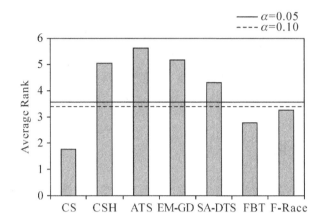

图 6.7　ITC‒2007 track3 数据集 Bonferroni-Dunn 测试结果

表 6.9　ITC‒2007 track3 数据集 Post Hoc 比较结果($a = 0.05$)

Instance	i	算法	$z = (R_0 - R_i)/SE$	p	Holm/Hochberg	Li
	6	ATS	5.785714	0	0.008333	0.045099
	5	EM-GD	5.107143	0	0.01	0.045099
ITC‒2007	4	CSH	4.892857	0.000001	0.0125	0.045099
track3	3	SA-DTS	3.857143	0.000115	0.016667	0.045099
	2	F-Race	2.142857	0.032125	0.025	0.045099
	1	FBT	1.464286	0.143116	0.05	0.05

从图 6.7 和表 6.9 可以看出，竞争搜索算法的性能明显优于其他对照算法。为进一步验证这一结论，我们利用 Wilcoxon signed-rank 检验竞争搜索算法与参考算法的差异显著性。表 6.10 给出了对平均结果比较的统计检验结果，包括 $R+$（正秩和）、$R-$（负秩和）、p 值和 Diff?。从表 6.10 中可以看出，竞争搜索算法明显优于其他对照算法。由此可以得出结论，在 ITC‒2007 track3 的求解中，竞争搜索算法显著优于其他算法。

表 6.10　ITC‑2007 track3 数据集 Wilcoxon singed‑ranks 检验结果

VS	R+	R−	p	Diff?
CSH	226.5	4.5	0.00000811	+
ATS	229.5	1.5	0.00000238	+
EM-GD	226.5	4.5	0.00000811	+
SA-DTS	226.5	4.5	0.00000811	+
FBT	176.5	54.5	0.03349	+
F-Race	170	40.0	0.013616	+

6.5　本章小结

本章中,在迭代局部搜索的基础上,我们提出了一种竞争搜索算法来求解包含软、硬约束的基于课程的 UCTP 问题(CB‑CTT),并将该方法应用到第二届国际时间表大赛系列 3 数据集中,取得了显著的效果。

该算法首先通过基于贪婪策略的启发式算法获得可行解,然后将该可行解作为下一步局部寻优的初始解。在局部寻优阶段,对两个不同选择概率的邻域结构集 NSet Ⅰ和 NSet Ⅱ分别采用模拟退火算法进行局部寻优,使两种邻域结构集形成竞争状态,挑选表现更好的邻域结构集的当前解进入下一轮迭代搜索,该迭代采用对模拟退火初始温度重新升温的方式形成对当前解的适度扰动。该过程依然使用两个不同选择概率的邻域结构集,重复之前的步骤,直到达到停止条件。

该算法的核心在于两种邻域结构集的选择概率的不同,这种不同会导致在不同的邻域状态下局部搜索可以有更多的选择,增大了邻域的搜索范围,从而挑选一种更适合当前问题的邻域结构集合。事实上,在局部搜索阶段,除模拟退火算法之外,还可以选择禁忌搜索、遗传算法等其他局部搜索算法,该算法提供了一种竞争搜索算法的框架,可以应用到不同领域的组合优化问题中。

另外,对于不同问题而设计的邻域结构,其选择概率可以根据待求解问题的特性来自适应地做出更有利的设置。下一步,我们计划通过分析大量算例、基于约束的邻域结构设计和邻域结构集选择概率三者之间的关系,设计出具有自适应能力的竞争搜索算法,使该算法可以应用到不同的组合优化问题中。

第7章 面向走班排课问题的多阶段启发式算法

新高考背景下的高中"走班制"排课问题是当前教育改革过程中面临的一个新的复杂问题,由于每所学校的具体情况不同,教育资源和约束千差万别,目前还没有成熟的排课方法能够较好地解决新高考下的"走班制"排课难题。

针对新高考"走班制"排课问题,本章将在借鉴 UCTP 问题分析方法、求解途径和算法框架的基础上,构建走班排课模型,设计基于竞争搜索框架的排课算法,并结合具体实例对算法进行验证和评估。

7.1 引言

2014 年,我国正式启动的新高考改革,在高考考试科目、高校招生录取机制等方面做出很大调整,学生被赋予了更多的教育选择权。在考试科目上,高中将不再文理分科,学生可根据报考高校要求,结合自身兴趣爱好与个体差异,自主选择高考科目组合。高考总成绩改由语文、数学、外语三个科目的全国统一等级水平考试成绩和高中其他科目的学业水平考试成绩两部分组成。学生报考高校时,只需根据报考院校的具体要求和自身兴趣特长,从物理、化学、生物、思政、历史、地理六科中自主选择三个科目的成绩,计入高考总分。这些改革举措,无疑对当前高中教学模式产生了不小的冲击。新高考改革下的高中,教学组织形式必然随之变革,学校将更多地实行分层走班教学。

尽管一系列的改革举措充分顾及了学生的个体差异,利于学生潜质的发挥,促进学生的全面发展,但分层教学和走班排课教学组织方式的推行,导致师资和教学场地等教学资源紧缺,使得新高考改革下的排课问题变成一项极其困难的任务。

所谓"走班制"教学,是指允许学生自主选择不同教学目标的教学班级进行学习的教学模式。学生由于选修课程的不同,而出现在所在行政班和不同选修课教学班之间流动学习的现象称为"走班制"。国际上最早的"走班制"教学模式出现在美国,其大多数私立学校均采用"走班制"教学,只要能够满足毕业要求,每个学生均可自主选择所修课程。由于国外中学在教育体制、教学组织模式、课程安排等方面与国内存在较大差异,因此国外的"走班制"教学经验仅可部分借鉴,无法照搬。

国内高中实行的"走班制"教学组织模式尚处于探索发展阶段。从 2014 年上海市和浙江省作为第一批新高考改革试点开始,到 2019 年第三批,原计划共计 24 个省、直辖市启动新高考改革,但最终只有 14 个省、直辖市按计划正式启动,其余 10 个省份均推迟了新高考改革措施。究其原因是多方面的,而很多普通高中由于教学资源不足而无法编制出可行的"走班制"排课方案,也是部分省市不得不推迟的一个重要原因。在传统教学模式中,高中采取划分行政班的方式进行教学活动,课程计划安排最主要的制约因素是教师资源。新的"走班制"教学模式所提倡的自主选课、分层教学对教师、场地、教学设施、教学时间等多种教学资源都提出了更高要求。如何在现有教学资源的条件下,通过智慧高效的自动化手段,设计符合新高考要求、适应各级高中实际情况的分班和排课方法,已成为当前制约新高考改革的一个亟待解决的问题。

7.2　问题分析与建模

7.2.1　问题分析

本质上来看,新高考下的走班排课问题与 UCTP 问题都是具有 NP 难度的复杂多约束组合优化问题,其求解途径有着相似之处。对 UCTP 问题的求解研究,有助于相关算法理论的推进,最终落实到实际新高考改革下的走班排课问题中来。但是,由于走班排课问题的特殊性及复杂性,加之每所学校情况不同,需要考虑的约束也更加多样,这就需要针对具体走班排课问题,设计更加高效且实用的求解算法。新高考改革下的高中走班排课问题与 UCTP 问题的区别主要体现在以下几方面。

(1)分班质量对排课影响不同

UCTP 问题的求解,仅需关注影响排课的各种因素与约束条件,进而设计高效排课算法,无需考虑分班问题。新高考下的高中走班排课问题是实际问题,分班的好坏在很大程度上影响走班排课的质量,需要根据高一期末学生选课的情况进行分班,然后才能在此基础上进行排课。在尊重学生选课的前提下进行合理分班是高中走班排课过程中的一项重要任务。

(2)"走班制"排课要求更复杂

大学开设的课程是根据学科规划和需求制定的,有些课程可以根据情况增加或删减;而高中课程是固定的,学生的选择却是不确定的,需要根据学生选课的结果做出相应的调整和安排。大学对学生的学习管理相对松散;而高中管理较为严格,更倾向于走班的整体性,要求更高。另外,高中排课结束后还会出现有些学生要求更改自己选课计划的情况,而在已经排好的课表上做出调整也会造成牵一发而动全身的情况,这些都不利于课表的顺利编排。

(3)新高考下的走班排课问题还未构建清晰直观的分班及排课模型

高校时间表问题经过多年研究,已经形成了相对成熟的排课模型。新高考是我国近些年才逐步开展的一项高考考试方式的改革,由于实行时间短,针对这种与传统教学模式完全不同的走班制下分班和排课问题的相关理论和实践研究都很少。因此,迄今还没有构建出合理清晰的数学模型。

综上所述,鉴于走班排课问题与 UCTP 问题存在的诸多差异,加之"走班制"排课问题本身的特殊性、复杂性,使得之前对于大学时间表问题的求解算法框架无法完全照搬到新的高中走班排课问题上来。这就需要在借鉴 UCTP 问题分析方法、求解途径和算法框架的基础上,深入分析影响走班排课过程的多种因素,仔细研究实际分班和排课问题的多种约束条件,抓住"走班制"排课的本质与核心,为新高考走班排课问题构建清晰直观的分班模型和排课模型,并在此基础上,设计高效易用的"走班制"分班与排课算法。

　　为了便于之后对"走班制"分班与排课问题构建模型及设计算法,我们首先对新高考下的走班排课具体问题、相关术语、当前常见的几种选课方案组合以及排课所涉及的排课要素做简要的分析与介绍,然后对问题的约束条件进行分析,最后归纳出新高考下的走班排课问题的求解目标。

7.2.1.1　相关术语

(1)分层走班

　　所谓分层走班制,其中分层是指根据学生的学习能力和学习水平,选择适合自己层次的教学;走班则是指上课的教室和教师固定,学生根据自己的爱好特长和学习兴趣,到自己选修科目的教室中上课。它打破了传统班级授课制的束缚,实现了因材施教、个性化教学。在这种教学组织模式下,每位学生的选课情况都有可能不同。同一班级的学生将不再使用统一课表,每位学生都将有一个自己的个性化课表,相应的每位教师、每个教室、每个班级也会有不同的课表。现阶段分层走班制的具体实行情况如下。

　　在高中阶段,所有开设课程都要进行一次会考,也称为合格性考试。该考试成绩不计入高考成绩。而除了高考必考的语文、数学和外语三个科目外,学生需要根据自己的情况从政治、历史、地理、物理、化学、生物六门学科中选择三门参加高考(浙江为 7 选 3),称为等级性考试。需要说明的是,对这两种类型的考试科目,按照实际的教育教学和排课的通用说法为选考课(参加等级性考试)和学考课(参加合格性考试),后面介绍中将不再特别指出。很明显,选考课和学考课对学生的考试难度要求不同,如果按照统一的标准和要求安排教学内容和教学计划,显然不利于学生时间和精力的合理分配,这就要求在教学活动中必须采用"走班制"分层次教学。

　　在选课和分班时间安排上,由于高一阶段进行的是基础教学,且六门选修课均需在高一期末参加合格性考试,因此高一阶段依然施行传统的分班和排课方案。经过一年的学习和了解,学生对自己的兴趣、优势等已有所认识,对未来大学的选择也有所规划,在高一下学期期末,将会安排学生进行选课活动,并根据学生选课结果在高二学年对学生实行分班。这样更有利于学生根据自己的特长,结合心仪大学及拟报考专业的招生要求,选择最适合自己的选考课程。

(2)常见的几种选课组织方案

经过几年的尝试与摸索,率先开展新高考改革试点的省市高中逐渐摸索出了一些适于本校情况的"走班制"选课方案。综合起来,主要有以下几种。

"小走班"模式:6选3最多有20种组合,7选3会达到35种。小走班是指从这些组合中指定某几种选课组合让学生选择。这种模式适合一些规模小、教师和教室资源相对匮乏的学校。

"中走班"模式:指的是保留行政班,语、数、外等非高考科目保持在原班上课,其他学科进行分类走班。

"大走班"模式:是指取消传统的行政班,所有学科都参与选课走班,并且每门课程还可根据学生学习水平差异进行学科分层。

总的说来,几种走班方案各有利弊,又各有空间。在实践中,囿于师资、教室等教学资源的限制,各个学校通常会根据各自的实际情况,在上述三种走班方案基础上,充分利用现有资源,在尽量少对学生学习、教师教学和教务管理带来冲击的前提下予以灵活处理,实际走班排课的具体操作情况大致可分为如下几种。

规模比较小、教师和教室资源不够的学校(通常是县级及其以下的学校):通常仅给出几种明确的组合模式供学生选择,学生无法选择模式之外的组合。

有些高中(例如绍兴和宁波市属的部分高中):通常会先让学生自由选择,然后根据学生选择情况,引导那些选择较冷僻组合的学生进行二次选择(即让他们选择那些已选学生较多的组合)。

规模较大、资源较充足的学校:采用让学生完全自由选择,并在排课时支持选择任一组合模式的学生上课。

按照新高考改革的初衷和指导思想,在选考科目的选择上,学校应该充分尊重每一位学生的选择意愿。但在实践中发现,真正实行了完全根据学生选课意愿的"大走班"或"中走班",涉及走班人数和课程较多的班级也会带来一系列的问题。例如,走班后,由于缺乏教师的监督和指导,班级的学风变差,班级凝聚力变弱。从考试成绩上看,走班科目较多的学生以及具有较多走班学生的班级,其成绩明显差于其他学生和班级。因此,在走班排课方案的设计上,更倾向于尽量减少学生的走班人数,避免学生过多过频繁的走班。

"大走班"模式对学校教育资源要求较高,目前极少有学校实行该模式;"小走班"模式仅提供有限的几种选课组合方式,一定程度上背离了改革的初衷;而"中走班"模式既能充分契合改革要求达到最大化尊重学生意愿的目的,又能兼顾目前多数高中学校教育资源短缺的现实。因此,目前实施了新高考改革的高中大多采用"中走班"模式。本研究以"中走班"教学模式为研究目标,通过对当前实行了"中走班"教学模式高中的实地调研与多种约束需求分析,构建"中走班"模式下的走班排课模型,并设计高效的排课算法。

(3)排课要素

如前所述,"中走班"模式的排课过程是保留行政班,语、数、外等非高考科目保持在原班上课,其他学科基于学生选课情况进行分类走班。排课问题可以演化成为将所有课程事件安排到满足约束条件的时段、教室的资源优化配置问题,在这个过程中需确保各种教学资源无冲突。因此,本章从分配的资源入手,分析排课问题中包含的以下几点要素。

行政班:传统教学模式下的普通班级,具有固定的教室、教师、同学及班主任,教学活动基本由本班同学和教师参与,在本班固定教室进行。"走班制"教学模式中,在管理上仍然以行政班为基本单位,但在教学中全部或部分摆脱行政班。

教学班:根据学生选课结果,对相同层级、相同课程的学生依据课程进行教学分班,称为教学班。教学班里的学生可能来自一个或多个行政班,每门课程的教学班学生并不完全相同,具有很强的流动性,这种流动性增加了"走班制"教学模式下高中课表编排的难度。

对偶班:在走班过程中,针对某个课程需形成一个教学班。为了保证教学班的稳定,约定一个教学班的学生最多涉及两个行政班,这两个行政班就称为对偶班。

教室:教室的安排需要依据课程的属性(如普通教室、多媒体教室、计算机教室、实验教室、艺术教室等),特定的课程必须安排在特定的教室中。除此之外,还要考虑教室的容量不能小于分配的学生人数。

教师:一个教师可以教授一个以上的教学班。通常情况下一个教师仅教授一门课程,在教师资源不足的高中还可能出现一个教师教授多门课程的情况。"走班制"教学模式中,每门课程在不同的层级均有多名教师,同一教师尽量安排同一门课程的同一层级。在课表的编排中,应避免将同一教师同一时间安排在不同教室。

教学时间段:传统意义上的一节课即为一个教学时间段。实际排课时需遵从特定的约束,如周六上午需要排课。此外,针对学生学习效果的侧重点不同,可依据不同课程的特点将其安排在特定的教学时间段,如,数学、语文、英语尽量安排在上午前三节。

课程:"走班制"教学模式下的课程依据选课情况,分层为选考课和学考课,同一门课程的选考课与学考课课时及难度不同,学生依据个人选课情况进行分层走班。

7.2.1.2 约束条件

为准确描述分班和排课过程中需要考虑的各种约束要求,将所有约束归纳为两类:硬约束和软约束。硬约束是指必须满足的约束,违反任何一个硬约束,都意味着分班或排课问题求解的失败。软约束则是在分班或排课过程中应尽量给予满足的约束。一个最优的分班或排课方案就是一个满足所有硬约束且满足尽量多的软约束的方案。分班和排课阶段的软、硬约束具体如下。

(1)分班约束

1)硬约束:硬约束如下。

H_1:所有学生都要分配到指定的班级。

H_2:每个班级中的学生人数不超过最大允许人数。

H_3:分班总数等于给定班级数。

H_4:同一个学生只能分到一个给定的班级。

2)软约束:软约束如下。

S_1:学生选课情况应与所分配班级的选考课组合相同。

S_2:每个班级中的学生人数不小于最小允许人数。

S_3:班级选课课程选择人数应与班级总人数相同。

S_4:班级单个课程走班人数应小于对应班级空余座位数。

（2）排课约束

排课阶段的硬约束与软约束具体如下。

1）硬约束：硬约束如下。

H_1：所有课程都要分配到时间表中。

H_2：时间表中的任何时段，不能安排两门以上课程。

H_3：同一教师在相同时段，不能安排到不同的班级。

H_4：同一学生在相同时段，不能安排两门课程。

H_5：指定班级的课程不能安排到其他班级。

H_6：任何课程不能安排在其禁止安排时段。

2）软约束：软约束如下。

S_1：每门课程每周安排不少于规定的最少工作日。

S_2：指定课程应安排在推荐安排的时段中。

S_3：课时数小于等于 3 的课程，避免两天连上。

7.2.1.3　求解目标

走班制下的分班排课问题的最终目标是，为走班制下的固定行政班和分层教学班相结合的复杂教学模式找到一个高效的分班与课表编排方案，使其既能保证走班教学的质量又可以满足课表编排需求。通过对实行新高考改革的高中进行实地调研，深入分析分班、走班排课相关规则、特点和影响因素，我们给出了走班排课的总体目标。

（1）获得一个无教师、学生、时间等资源硬冲突的排课方案

排课算法要解决的首要问题是要满足排课的所有硬约束条件，只有满足所有的硬约束条件才能保证课表的可行性及合法性。满足硬约束条件是课表编排的基本要求，也是衡量课表满意度的下限。

（2）尽量保证最小工作日、课程间隔、课程时段要求等软约束

对于一个理想的排课方案来说，仅满足排课要求的硬约束条件是远远不够的，还要求课表满足编排合理化、人性化、高质量等目标，例如：考虑到学习的内在规律性，应使每周的课程尽量均匀分布，使得学生有充裕的时间完成课程的预习与复习；

考虑到教师的授课质量及身体负荷,一位教师一天内不应安排三节以上连续授课;美术、体育课尽量不安排在早上第一节课……因此,课表方案的制定还需要尽量满足一些软约束条件,以达到提高课表优度及合理性,提升教学质量的目的。

(3)尽量减少走班人数及需走班课程,这就要求班级的选考课组合应尽量贴近学生的选课意愿

实践中发现,走班学生较多的班级,由于缺乏教师的监督和指导,班级凝聚力变弱,学风变差,学生成绩明显低于其他走班学生较少的班级。因此,在走班排课方案的设计上,学校更倾向于尽量减少学生的走班学生人数及走班课程,避免学生过多过频繁的走班。"中走班"模式保证一些科目固定,例如语文、数学、英语不走班。在实际排课过程中,应在尊重学生选课意愿的前提下,尽量使不走班的科目不仅仅限于这三门科目,只有在学生选课意愿与学校资源实在无法平衡的情况下再考虑课程走班的安排。

(4)保证各个班级人数差别不能过于悬殊

由于学生自主选课,学生的选课结果无法预测,需要根据每个学生的选课结果为学生进行分班,因此每个班级的学生数无法事先确定。这就可能导致班级之间学生人数差别巨大,增大学校的教学管理及教师、教室等教学资源的分配难度。

经过分析可以看出,前两个目标是在排课阶段实现的,而后两个目标只能在分班阶段完成,因此需要将整个走班排课过程分为分班和排课两个相对独立的阶段,在不同阶段设定不同的求解目标。由于分班质量直接影响排课效果,因此,二者又是紧密联系的,需要在问题求解过程中综合考虑,使排课结果达到整体最优。

7.2.2　数学模型

根据前面对排课问题的描述与约束分析可知,排课问题的求解本质上是一个解决教室、时间、课程等教育资源矛盾的多因素优化决策过程,对该问题的建模主要是将各种现实中的约束条件和求解目标转化为数学语言进行精确描述,以便于利用计算机进行求解。这就需要将约束条件量化为约束变量,将求解目标转化为目标函数,而建模过程中还需考虑鲁棒性,以适应各个学校不同的现实约束。

为了给出分班和排课的数学模型,规定以下符号定义。

7.2.2.1　符号规定

课程集合:$C=\{c_1,c_2,\cdots,c_{nc}\}$,$nc$ 为教学计划中开设的课程数。

选考课课程集合:$CX\subset C$,$|CX|=7$。在新高考模式下,根据学生 7 选 3 的选课结果进行分班,选考课程为物理、化学、生物、政治、历史、地理、信息。

学生集合:$S=\{s_1,s_2,\cdots,s_m\}$,m 为参加分班的总学生数。

教师集合:$TC=\{tc_1,tc_2,\cdots,tc_{nt}\}$,$nt$ 为教师总数。

教室集合:$R=\{r_1,r_2,\cdots,r_u\}$,教室集合是由具有不同功能属性和容量的教室组成的集合,u 为总的教室数。教室 r_i 的座位数表示为 rm_i,最小的教室座位数表示为 rm_{min}。

班级集合:$G=\{g_1,g_2,\cdots,g_u\}$,班级数 u 由教室、教师等教学资源情况决定,通常根据学校具体情况给定。

班级学生集合:$GS=\{GS_1,GS_2,\cdots,GS_u\}$,$GS_i\subset S$,为分班后每个班级的学生集合。

时段集合:$P=\{p_1,p_2,\cdots,p_{np}\}$,每周 d 天,每天 h 节,一周总时段数 $np=d\times h$。

选课集合:$SC=\{sc_1,sc_2,\cdots,sc_v\}$,其中任意 $sc_i,sc_j\in CX$,如果 $i\neq j$,则 $sc_i\neq sc_j$。在新高考模式下,$v=3$,即每个学生可以在 7 门课中任意选择 3 门不同的课程。

选课组合集合:$AC=\{SC_1,SC_2,\cdots,SC_p\}$,其中任意 $SC_i,SC_j\in AC$,如果 $i\neq j$,则 $SC_i\neq SC_j$。在新高考 7 选 3 模式下,$p=C_7^3=35$。

总选课结果集合:$CC=\{CC_1,CC_2,\cdots,CC_m\}$,其中 $CC_i\in AC$,为第 i 个学生的具体选课情况。

排课课程事件集合:$CE=\{ce_1,ce_2,\cdots,ce_q\}$,课程事件是绑定了课程、班级、教师等信息的基本排课单位,课程事件数 $q=\sum_{i=1}^{u}cr_i$,cr_i 为教学计划中每班的课程数。

排课事件集合:$EV=\{ev_1,ev_2,\cdots,ev_w\}$,排课事件是附加了课次信息的课程事件,排课事件数 $w=\sum_{i=1}^{u}er_i$,er_i 为教学计划中每班的总课时数。

时间表矩阵:X,行为班级,列为时段,安排在 g_i 班级 p_j 时段的课程表示为 x_{ij}。

选课结果统计矩阵：**XG**，行为班级，列为课程，g_i 班中选择 c_j 课程的学生人数表示为 xg_{ij}。

第 i 个班级分配的选考课组合：**CG**(i)，$1 \leqslant i \leqslant u$，**CG**$(i) \in$ **AC**。

单个学生分到的班级：**SG**(s)，$s \in$ **S**。

班级的最大允许人数和最小允许人数：$G_{\text{Max}}(g)$，$G_{\text{Min}}(g)$，$g \in$ **G**。

第 i 个课程每周需上的次数：cl_i。

排课事件 ev_i 是否安排在推荐时段：gp_i，是安排在推荐时段为 0，不是为 1。

课程事件 ce_i 和 ce_j 的学生冲突情况：con_{ij}，有冲突为 1，无冲突为 0。

课程事件 ce_i 是否可安排到时段 p_j：$excl_{ij}$，可安排为 1，不可安排为 0。

课程事件 ce_i 是否被安排在第 j 天：$cd_{i,j}$，是为 1，否为 0。

课程事件 ce_i 的学生数表示为 stu_i，课程事件 ce_i 分配的班级表示为 rn_i，课程事件 ce_i 分配的教师表示为 tn_i，课程事件 ce_i 要求的课时数表示为 dc_i，课程事件 ce_i 要求的最小工作日表示为 dm_i，课程事件 ce_i 的实际工作日表示为 dn_i。

7.2.2.2　分班问题模型

走班制下的分班问题与传统分班不同，学生需要对新高考中的考试科目（6 选 3 或 7 选 3）进行选择，然后根据学生的选科结果进行分班。分班时要尽量保证班级的选考课组合与学生的选课方案一致。由于教师、教室等教学资源的约束，只能在满足学生选课前提的基础上，最大化实现各种资源的优化配置。下面是分班问题对各项软、硬约束的数学描述。

(1)硬约束及其数学表达式

H_1：所有学生都要分配到指定的班级。

$$\forall s \in \boldsymbol{S}, SG(s) \in \boldsymbol{G}$$

H_2：每个班级中的学生人数不超过最大允许人数。

$$\forall g \in \boldsymbol{G}, |GSg| \leqslant G_{\text{Max}}(g)$$

H_3：分班总数等于给定班级数 u。

$$|\boldsymbol{G}| = u$$

H_4：同一个学生只能分到一个给定的班级。

$$\forall\, s_i,s_j \in \pmb{S}, s_i = s_j : \pmb{SG}(s_i) = \pmb{SG}(s_j)$$

（2）软约束及其数学表达式

S_1：学生选课情况应与所分配班级的选考课组合相同。

$$\forall\, s \in \pmb{S}, k = \pmb{SG}(s) : z_1(s) = |\,\pmb{CG}(k)\,| - |\,\pmb{CC}_s \cap \pmb{CG}(k)\,|$$

S_2：每个班级中的学生人数不小于最小允许人数。

$$\forall\, g \in \pmb{G} : z_2(g) = \begin{cases} 1, & |\,\pmb{GS}_g\,| < G_{\mathrm{Min}}(g), \\ 0, & \text{otherwise.} \end{cases}$$

S_3：每个班级需要走班的课程尽量少。

班级课程选择人数应与班级总人数相同。对于每个班级来说，其课程选考课人数或学考课人数等于班级总人数则意味着该课程不需要走班，否则就意味着该课程存在走班问题。

$$\forall\, g_i \in \pmb{G}, c_j \in \pmb{CX} : z_3(xg_{ij}) = \begin{cases} 1, & 0 < xg_{ij} < |\,\pmb{GS}_i\,|, \\ 0, & \text{otherwise.} \end{cases}$$

S_4：班级单个课程走班人数应小于对应班级空余座位数。

每个班级的每个课程走班时，为了保证学生学习质量和便于组织管理，希望该班级学生整体走班到另一个班级，而不是拆开分别走班到多个班级中。这就要求任何一个班级的课程走班人数不能超过对应走班班级的空余座位数。

$$\forall\, g_i \in \pmb{G}, c_j \in CX : z_4(xg_{ij}) = \begin{cases} 1, & |\,\pmb{GS}_i\,| - xg_{ij} < rm_{\min} - G_{\mathrm{Min}}(g_i), c_j \in \pmb{CG}_i \\ & \text{or } xg_{ij} < rm_{\min} - G_{\mathrm{Min}}(g_i), c_j \notin \pmb{CG}_i \\ 0, & \text{otherwise.} \end{cases}$$

（3）目标函数

根据以上表达式，我们能够用式（7.1）计算一个可行的候选解 $\pmb{X}$ 的软冲突惩罚值。

$$z(\pmb{X}) = \sum_{s \in \pmb{S}} v_1 \cdot z_1(s) + \sum_{g \in \pmb{G}} v_2 \cdot z_2(g) +$$
$$\sum_{g \in \pmb{G}, c \in \pmb{CX}} v_3 \cdot z_3(xg) + \sum_{g \in \pmb{G}, c \in \pmb{CX}} v_4 \cdot z_4(xg) \tag{7.1}$$

获取最优分班方案的目标就是寻找一个可行解 $\pmb{X}^*$，使得 $z(\pmb{X}^*) \leqslant z(\pmb{X})$；$v_1$、$v_2$、

υ_3、υ_4 为每个软约束的惩罚系数。

7.2.2.3　排课问题模型

排课问题就是根据教学计划为每个教学班安排课程所需的时间、教室、教师等教学资源,在保证教学计划能够正确执行的同时,避免产生时间、教师、学生、教学资源等方面的冲突。在课表编制过程中,需充分考虑课程的安排要符合教学规律,保证课表的可行性、实用性、合理性。为准确描述排课过程中需考虑的各项约束要求,将所有排课问题的软、硬约束归纳如下。

(1)硬约束及其数学表达式

H_1:所有课程都要分配到时间表中。

$$\forall\, ev \in \boldsymbol{EV} : \exists\, x_{ij} = ev$$

H_2:时间表中的任何时段不能安排两门以上课程。

$$\forall\, x_{ij}, x_{kl} \in \boldsymbol{X}, x_{ij} = ce_u, x_{kl} = ce_v, (i = k) \wedge (j = l) : u = v$$

H_3:同一教师在相同时段不能安排到不同的班级。

$$\forall\, x_{ik}, x_{jk} \in \boldsymbol{X}, x_{ik} = ce_u, x_{jk} = ce_v : tn_u \neq tn_v$$

H_4:同一学生在相同时段不能安排两门课程。

$$\forall\, x_{ik}, x_{jk} \in \boldsymbol{X}, x_{ik} = ce_u, x_{jk} = ce_v : con_{uv} = 0$$

H_5:指定班级的课程不能安排到其他班级。

$$\forall\, x_{ij} \in \boldsymbol{X}, x_{ij} = ce_u : m_u = i$$

H_6:任何课程不能安排在其禁止安排时段。

$$\forall\, x_{ij} = ce_k \in \boldsymbol{X} : excl_{kj} = 1$$

(2)软约束及其数学表达式

S_1:每门课程每周安排不少于规定的最少工作日。

$$\forall\, ce_i \in \boldsymbol{CE} : z_1(ce_i) = \begin{cases} dm_i - dn_i, \text{if } dn_i < dm_i, \\ 0, \text{otherwise.} \end{cases}$$

S_2:指定课程应安排在推荐安排的时段中。

$$\forall\, x_{ij} = ev_k \in \boldsymbol{X} : z_2(x_{ij}) = gp_k$$

S_3:课时数小于等于 3 的课程,避免两天连上。

$$\forall \, x_{ij} = ce_k \in \boldsymbol{X}, dc_k \leqslant 3 \, : z_3 \, (x_{ij}) = \begin{cases} 1, \text{if } (cd_{k,j/h-1} = 1) \bigvee (cd_{k,j/h+1} = 1), \\ 0, \text{otherwise}. \end{cases}$$

(3)目标函数

根据以上表达式,我们能够用式(7.2)计算一个可行的候选解 $\boldsymbol{X}$ 的软冲突惩罚值

$$Z(\boldsymbol{X}) = \sum\nolimits_{ce_i \in \boldsymbol{CE}} v_1 \cdot z_1(ce_i) + \sum\nolimits_{ev \in \boldsymbol{EV}} v_2 \cdot z_2(x_{ij}) + \sum\nolimits_{ev \in \boldsymbol{EV}} v_3 \cdot z_3(x_{ij}) \quad (7.2)$$

获取最优排课方案的目标就是寻找一个可行解 $\boldsymbol{X}^*$,使得 $z(\boldsymbol{X}^*) \leqslant z(\boldsymbol{X})$;$v_1$、$v_2$、$v_3$ 为每个软约束的惩罚系数。

7.3　走班排课问题的分班算法

7.3.1　基于贪婪策略的分班算法

在求解新高考背景下的走班排课问题时,分班与排课问题是两个相对独立又互相影响的阶段,采用传统的排课算法很难予以一体化解决。针对该情况,在借鉴UCTP 问题分析方法、求解途径和算法框架的基础上,本章提出一种基于竞争搜索的多阶段启发式算法来求解排课问题,通过深入剖析走班制排课的特点与要求,将整个走班排课过程分为分班和排课两个阶段,在不同的阶段设计特定的启发式算法,最终获得最优化的分班和排课方案。

在新高考背景下的走班制分班不同于传统分班,具有更大的不确定性,需根据学生选课的意愿,决定每个班级的选考课组合。最理想的情况下,每个学生的选课组合都与本班开设的选考课组合一致,但由于教室容量和班级人数的限制,往往无法保证所有学生都分到与自己选课组合一致的班级。这时个人选课组合与班级开设选考课组合不一致的学生,在上自己选课的时间(此时本班上的是学课)就需要安排到其他开设该选课的班级上课(也就是走班)。如 7.2.1 节所述,实践中发现,走班科目较多的学生以及具有较多走班学生的班级,其成绩明显差于其他学生和班

级。因此,为了保证教学质量和班级的稳定性,分班的目标为:①希望走班的人次尽量少,这就要求班级开设的选考课组合应尽量贴近学生的选课意愿。②保证各个班级人数差别不能过于悬殊,每个班级中的学生人数不少于要求人数。③希望每个班级需要走班的课程尽量少,对于每个班级来说,其课程选考课人数或学考课人数等于班级总人数则意味着该课程不需要走班,否则就意味着该课程存在走班问题,需要考虑课程对应的两个班级上课时间必须一致。④每个班级的每个课程走班时,希望该班级学生整体走班到另一个班级,而不是拆开分别走班到多个班级中,这就要求任何一个班级的课程走班人数不能超过对应走班班级的空余座位数。与之相应,分班问题的惩罚函数可表示为

$$z(\boldsymbol{X}) = \sum_{s \in \boldsymbol{S}} v_1 \cdot z_1(s) + \sum_{g \in \boldsymbol{G}} v_2 \cdot z_2(g) +$$
$$\sum_{g \in \boldsymbol{G}, c \in \boldsymbol{CX}} v_3 \cdot z_3(xg) + \sum_{g \in \boldsymbol{G}, c \in \boldsymbol{CX}} v_4 \cdot z_4(xg)$$

其中,

1) $z_1(s)$ 表示学生 s 需要走班的情况;$\boldsymbol{CG}(k)$ 表示第 k 个班级分配的选考课组合;$\boldsymbol{CC}_s$ 为第 s 个学生的具体选课情况。分配到 k 班的学生 s 的选课组合与该班级的选课组合之差即为该学生需要走班的课程数,$z_1(s) = 0$,表示学生 s 的选课组合与班级选课组合一致,无须走班。

$$z_1(s) = |\boldsymbol{CG}(k)| - |\boldsymbol{CC}_s \bigcap \boldsymbol{CG}(k)| \tag{7.3}$$

2) $z_2(g)$ 表示班级 g 中的学生人数是否小于最小允许人数。$\boldsymbol{GS}_g$ 为分班后 g 班的学生集合,$|\boldsymbol{GS}_g|$ 为 g 班的实际人数,$G_{\text{Min}}(g)$ 为 g 班最少允许人数。当班级实际人数小于最少允许人数时,$z_2(g) = 1$;反之,实际人数大于最少允许人数时,$z_2(g) = 0$。

$$\forall g \in \boldsymbol{G}: z_2(g) = \begin{cases} 1, & |\boldsymbol{GS}_g| < G_{\text{Min}}(g), \\ 0, & \text{otherwise.} \end{cases} \tag{7.4}$$

3) $z_3(xg_{ij})$ 考察每个班级的每个课程是否存在走班现象。xg_{ij} 为第 i 个班级的第 j 门课程的选课人数,该课程选课人数 $xg_{ij} = 0$ 表示所有学生选择均为学考课,$xg_{ij} = |\boldsymbol{GS}_i|$ 代表所有学生选择均为选考课,这两种情况均不存在走班现象,否则必

然存在选考课或学考课的走班现象。

$$\forall g_i \in \boldsymbol{G}, c_j \in \boldsymbol{CX} : z_3(xg_{ij}) = \begin{cases} 1, & 0 < xg_{ij} < |\boldsymbol{GS}_i|, \\ 0, & \text{otherwise}. \end{cases} \quad (7.5)$$

4)$z_4(xg_{ij})$考察存在走班现象的课程需要走班的人数是否超出限制。对于本班类别为选考的课程来说,需要走班的人数就是未选该课程的学生数$|\boldsymbol{GS}_i| - xg_{ij}$;而对于本班类别为学考的课程来说,需要走班的人数就是选该课程的学生数xg_{ij}。为保证走班的学生能够统一走班到另一个接收班级,限定走班的人数不超过$rm_{\min} - G_{\mathrm{Min}}(g_i)$,$rm_{\min}$是最小的教室座位数,$G_{\mathrm{Min}}(g)$是班级最小允许人数。

$$\forall g_i \in \boldsymbol{G}, c_j \in \boldsymbol{CX} : z_4(xg_{ij}) = \begin{cases} 1, & |\boldsymbol{GS}_i| - xg_{ij} < rm_{\min} - G_{\mathrm{Min}}(g_i), c_j \in \boldsymbol{CG}_i, \\ & \text{or } xg_{ij} < rm_{\min} - G_{\mathrm{Min}}(g_i), c_j \notin \boldsymbol{CG}_i, \\ 0, & \text{otherwise}. \end{cases} \quad (7.6)$$

5)v_1为软约束S_1的惩罚系数,设置每个学生每走班1个课程惩罚值为1分。

6)v_2为软约束S_2的惩罚系数,为保证每个班级的学生人数相对平均,基本不允许班级人数过少,设置每出现一个班级人数小于限值时惩罚值为20分。

7)v_3为软约束S_3的惩罚系数,希望尽量少地出现走班现象,设置每出现一个需要走班的课程时惩罚值为2分。

8)v_4为软约束S_4的惩罚系数,尽量避免出现人数过多的走班情况,设置每出现一个走班人数超过限值,惩罚值为10分。

在分班优化阶段,可根据分班惩罚函数来对初步分班结果进一步优化,以获得一个满意度较高的分班结果,从而有利于下一步排课方案的设计与制定。由于在走班时必须保证,学生所在班级上学课的同时,其对应的走班班级(对偶班级)同一时间上该课程的选课,因此在排课时需将对偶班级的走班课程时间绑定在一起安排。为了便于后期排课阶段的排课安排,对偶班需要在分班阶段就完成配对。

鉴于走班制分班的特殊性,需将分班阶段细分为确定班级开设选考课组合、学生分班和确定课程走班方案三个子阶段,在每个子阶段采用不同的算法策略。多阶段启发式算法的分班算法流程见图 7.1。

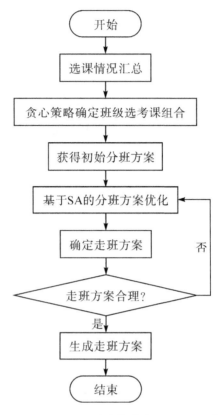

图 7.1 分班算法流程图

7.3.1.1 贪婪策略确定班级开设选考课组合

班级开设选考课组合的确定依赖于学生的选课意愿,而学生的选课意愿处于未知不可控状态,未必与学校教师数量、资源配备、学校教学特点与优势相一致。这就要求学校在选课之前,给学生做好选课指导,引导学生根据自身的特点、学校的资源优势等,选择合适的选课组合,减少由于个人选课组合过于冷门,无法形成足够的自然班,造成太多课程需要走班,影响班级的稳定性,进而影响学生学习成绩。学生完成选课之后,在确定班级选考课组合时,要根据学生总体选课情况,尽量贴近学生的选课意愿,做到班级选考课组合的设置与学生选课情况最大匹配。具体步骤如下。

步骤1:对学生总体选课意愿进行统计,计算各科需开设的选课数量。

步骤2:初始化班级选考课组合。

步骤 3:对所有未分配学生,统计 7 选 3 下所有课程组合的学生参与人数。

步骤 4:选择一个未分配班级作为当前班级。

步骤 5:选择参与人数最多的课程组合作为当前班的班级课程组合,按照不超过最大允许学生数将该组合学生分配到当前班级。

步骤 6:当前课程组合涉及的 3 门课程,在需开设选课数量中减 1。

步骤 7:如果所有科目需开设选课数量均不为零,则转步骤 3 执行迭代,否则转步骤 8。

步骤 8:如果所有科目需开设选课数量不全为零,继续步骤 9,否则完成班级选考课组合确定,转步骤 14。

步骤 9:选择一个未分配班级作为当前班级。

步骤 10:对所有未分配学生,统计 7 选 3 下所有课程组合的学生参与人数。

步骤 11:在所有科目中选择需开设选课数量最多的科目。在所有课程组合中选择包含该科目并且其他科目的需开设数不为零的组合,在其中选择学生参与人数最多的组合作为当前班的班级课程组合。

步骤 12:将该组合学生分配到当前班级。

步骤 13:当前课程组合涉及的 3 门课程,在需开设选课数量中减 1,转步骤 8 执行迭代。

步骤 14:对所有未分配学生,统计 7 选 3 下所有课程组合的学生参与人数。

步骤 15:对所有课程组合按照学生参与人数从高到低顺序,逐一尝试插入未满班级。插入时需满足定 2 走 1 条件,从后向前选择合适的班级。

步骤 16:对所有未分配学生,统计 7 选 3 下所有课程组合的学生参与人数。

步骤 17:对所有课程组合按照学生参与人数从高到低顺序,逐一尝试插入未满班级。插入时需满足定 1 走 2 条件,从后向前选择合适的班级。

步骤 18:输出确定的班级选考课组合及初始分班方案。

7.3.1.2　模拟退火算法优化分班方案

在确定班级开设选考课组合阶段,优先考虑的是班级选考课组合的设置与学生整体的选课情况相符,而针对每一个班级和学生,并未实现分班的最优化。因此需要针对每个班级、每个学生进一步优化分班方案。为保证尽量少的学生走班以及走班的稳定性,设定优化分班方案的目标是:①最小化走班人数;②最小化缺编班级数;③最小化走班课程数;④最小化超标走班数。这里采用经典的模拟退火算法解决这个最优化问题,具体步骤如下。

步骤 1:输入初始分班方案。

步骤 2:确定邻域结构及初始温度 T_0。

步骤 3:计算当前走班人数和班级选课课程数。

步骤 4:随机选择一个学生,对其分配的班级进行随机调整尝试。

步骤 5:计算新的候选解惩罚值。

步骤 6:如候选解优于当前解,立即接受新方案。

步骤 7:如候选解差于当前解,按照 $\exp(-\Delta E/T)$ 的概率接受退化解。

步骤 8:更新温度 $T = a * T$。

步骤 9:判断是否满足停止条件:否,转步骤 4 进行迭代;是,继续步骤 10。

步骤 10:输出优化分班方案。

本阶段优化分班模拟退火算法的流程图如图 7.2 所示。

7.3.1.3   确定课程走班方案

走班方案的确定是为了保证需要走班的学生能在合适的时间去合适的班级上课,例如,假设 A 班的班级组合为物理、化学、生物,该班就会只安排物理、化学、生物的选考课和政治、历史、地理的学考课,假如被分到 A 班的某生的高考选考科目为物理、化学、地理,那么他的地理选考课就要到其他安排了地理选考课的班级去上课;相应地,他的生物学考课也需要到别的开设了生物学考课的班级去上课。这样就要求走班的选课和学课课程时间必须一致。为了保证班级的稳定性,要求同一个班级的学生走班时应走到同一个接收班级,同时应该避免一个班级接收 2 个以上班级的走班学生。为实现上述要求,需要根据每个课程,将一个学课班级和一个选课班级绑定成为一个对偶班,在排课时每个课程的对偶班上课时间应保持一致,同时走班后的课程总人数满足房间容量要求。

需要注意的是,普遍认为,一个学生过多地走动上课或一个班级有过多的学生

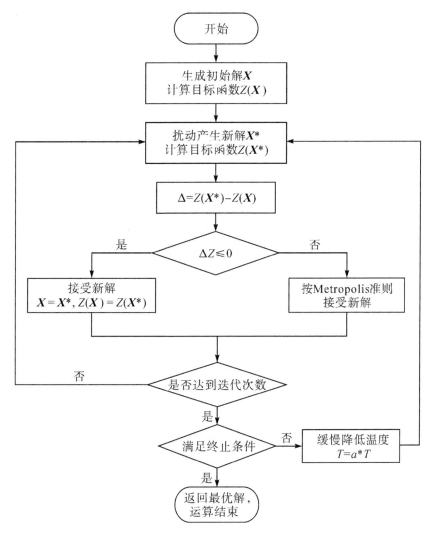

图 7.2　优化分班模拟退火算法流程图

参与走班上课不利于班级学生的稳定性,同时也增加了后面排课的复杂度。在确定走班方案过程中,尽量避免有多于两个班级构成一个对偶班。走班方案确定前的分班方案是一种随机算法,未必每次都能恰好形成满足房间容量约束的课程对偶班级,因此需要尝试生成多个分班方案,从中选择满足走班条件的最优分班方案,以实现分班方案最优与走班方案最优的统一。

该阶段具体步骤如下。

步骤 1:统计每个班级每个课程的选课人数。

步骤 2:选择一个未完成走班配置的课程。

步骤 3:选择该课程需要走班人数最多的班级。

步骤 4:选择该课程选课人数最少的班级。

步骤 5:判断走班后的人数是否超过教室容量:是,该分班方案失败,转阶段二重新生成优化分班方案;否,继续步骤 6。

步骤 6:保存该课程的两个班级,生成一个课程对偶班。

步骤 7:判断是否所有课程均完成走班配置:否,转步骤 2;是,继续步骤 8。

步骤 8:对课程走班方案进行微调。

步骤 9:输出分班方案及对应课程走班方案。

7.3.2　验证机制设计

为了验证分班结果的准确性,我们设计了以下验证机制。

(1)所有学生是否都得到安排

将每一个学生分配唯一的编号,统计分班后的学生情况,确保所有学生均得到安排,且不存在一人安排进两个以上班级的情况。

(2)每个班级的学生人数是否符合教室容量

针对所有班级,验证班级人数始终小于教室容量。

(3)班级选考课组合是否与课程人数相匹配

验证分班后的班级学生选课统计中人数最多的三门课程与该班级的选考课组合是否相同。

(4)实际选考课开课次数是否与学生选课统计相匹配

验证分班后的班级选考课组合中开设的选考课数与依据学生选课统计得到的应开设选考课数是否相同。

7.3.3　算法复杂度分析

对于启发式搜索算法,其算法的时间复杂度是一个需要重点关注的重要问题。在此,从所需安排学生和班级的数量来估计,分析分班算法的计算复杂度。

设 S 是参与分班的学生数, C 是班级总数。贪婪策略确定班级开设选考课组合和初始化分班算法的时间复杂度为 $O(S \cdot C)$。模拟退火优化分班算法中, 由于降温过程的迭代数为 tl, 等温过程的迭代数为 L, 则其时间复杂度为 $O(tl \cdot L)$, 设置 $L = S \cdot C$ 以保证等温过程交换的充分性, 则分班算法的整体运行时间是 $O(S \cdot C + tl \cdot S \cdot C) = O(tl \cdot S \cdot C)$, 其中降温过程的迭代数 tl 决定了收敛的速度。

此外, 在模拟退火过程中, 考虑候选解与当前解之间的差值 Δ 计算也需要运行时间。直接计算候选解分值并与当前解做比较相当容易, 但复杂度非常高。由于候选解的计算由学生总数和班级总数决定, 其时间复杂度为 $O(S \cdot C)$, 随着学生数和班级数的增加, 复杂性会增加得更快, 这样整个算法的整体运行时间就会变成 $O(tl \cdot S^2 \cdot C^2)$。因此在差值 Δ 计算时, 通过仅计算参与交换的学生班级引起的分值变化代替全局的分值计算, 可以有效地降低事件复杂性, 使得整体算法的时间复杂度保持在 $O(tl \cdot S \cdot C)$。

随着降温过程的进行和接受差解的减少, 所需的邻域移动进一步降低, 受益于截断策略, 算法的收敛速度将进一步提高, 其最终时间复杂度为 $O[\log(tl \cdot S \cdot C)]$。

7.4　走班排课问题的排课算法

7.4.1　基于竞争搜索的排课算法

排课阶段, 在对 UCTP 公开排课问题模型求解算法研究的基础上, 将竞争搜索算法应用到新高考走班排课问题上。在排课算法设计过程中, 首先根据已了解到的学校具体教学任务安排以及教学资源信息等, 深入分析影响课表编排的因素以设计排课方案的软、硬约束条件。在 7.2.1 节中, 对新高考走班制下学校的教学任务与特点进行了详细的分析和介绍, 7.2.2 小节给出了走班制模式下课表编排算法涉及的软、硬约束条件及相应的数学表达式, 排课算法的总体目标是:①找到一个无教师、学生、时间等资源冲突的排课方案;②尽量保证最小工作日、课程间隔、课程时段要求等软约束。前者为排课算法设计中需要满足的硬约束条件, 硬约束满足与否决定了排课方案是否可行;后者为排课算法设计中需要满足的软约束条件, 软约束的

满足程度决定了排课方案的质量。相应的,排课算法的惩罚函数可表示为:

$$Z(\boldsymbol{X}) = \sum\nolimits_{\alpha_i \in \boldsymbol{CE}} v_1 \cdot z_1(ce_i) + \sum\nolimits_{ev \in \boldsymbol{EV}} v_2 \cdot z_2(x_{ij}) + \sum\nolimits_{ev \in \boldsymbol{EV}} v_3 \cdot z_3(x_{ij})$$

式中,

1) $z_1(ce_i)$ 表示课程事件 ce_i 每周安排的均匀度,要求其不少于规定的最少工作日。课程事件 ce_i 要求的最小工作日表示为 dm_i,课程事件 ce_i 的实际工作日表示为 dn_i。一门课程一周会安排多节,这些节次必须平均分布于一周的时间内,而不能集中在某一天或某几个时段。例如,语文一周为 5 节课,那么要求最少工作日为 5,即该 5 节课尽量保证平均安排在 5 天内。$z_1(ce_i) = 0$ 表示满足要求,否则计算违反天数。课程事件 ce_i 是否被安排在第 j 天表示为 $cd_{i,j}$,是为 1,否为 0。

$$z_1(ce_i) = \begin{cases} dm_i - dn_i, \text{if } dn_i < dm_i, \\ 0, \text{otherwise.} \end{cases} \tag{7.7}$$

2) $z_2(x_{ij})$ 表示课程 x_{ij} 应安排在推荐安排的时段中。x_{ij} 表示为安排在 g_i 班级 p_j 时段的课程,gp_k 为课程事件 ev_k 是否安排在推荐时段。若 x_{ij} 与 ev_k 要求的推荐时段一致则为 0,不一致为 1。

$$\forall x_{ij} = ev_k \in \boldsymbol{X} : z_2(x_{ij}) = gp_k \tag{7.8}$$

3) $z_3(x_{ij})$ 表示课时数小于等于 3 的课程的均匀度,避免两天连上。课程事件 x_{ij} 是否被安排在第 j 天表示为 $cd_{k,j}$,是为 1,否为 0。一门课程一周的课次如果少于等于 3,则尽量保证在一周内平均分配,不要连着两天安排。如果连续两天安排该课,则记为不符合,扣 1 分。

$$z_3(x_{ij}) = \begin{cases} 1, \text{if}(cd_{k,j/h-1} = 1) \vee (cd_{k,j/h+1} = 1), \\ 0, \text{otherwise.} \end{cases} \tag{7.9}$$

4) v_1 为排课阶段软约束 S_3 的惩罚系数,设置每违反一个最小工作日(即同一门课程一天安排多于一次),惩罚值为 5 分。

5) v_2 为排课阶段软约束 S_4 的惩罚系数,每违反一个课程间隔(即对于所有最小工作日小于 5 天的课程,要求两次课之间至少间隔 1 天),惩罚值为 3 分。

6) v_3 为排课阶段软约束 S_5 的惩罚系数,每违反一个课程时段要求(即主要课程应安排在重要的时段,辅修课程应避免占用重要时段),惩罚值为 1 分。

在排课优化阶段,可根据上述排课惩罚函数来对初步排课结果进行优化,以获得一个满意度较高的排课方案。在排课过程中,为保证课程对偶班级上课时间的一致性,将课程对偶班级始终作为一个整体进行时段安排。

竞争搜索算法求解排课问题过程如下:在构造阶段,首先采用爬山法解决教师引起的硬冲突,获得初始排课方案;然后将该可行解作为下一步局部寻优的初始解。在局部寻优阶段,对两个不同选择概率的邻域结构集合 NSet Ⅰ 和 NSet Ⅱ 分别采用模拟退火算法进行深度搜索,使两种邻域结构集合形成竞争状态,挑选表现更好的邻域结构集合的当前解进入下一轮搜索,对模拟退火重新升温,重复之前的竞争步骤。该竞争过程反复迭代,直到达到停止条件。多阶段启发式算法的排课算法流程见图 7.3。

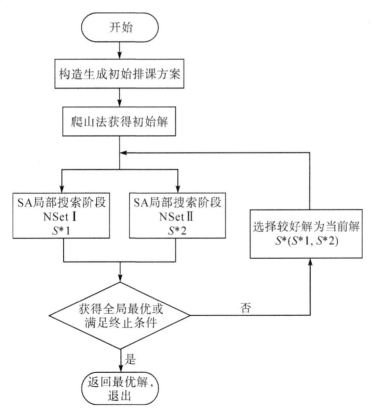

图 7.3　**排课算法流程图**

7.4.1.1　爬山法构建初始解

局部搜索算法的运行,必须首先生成一个可行解,再在邻域中利用相应规则不断减少软冲突违反分值,最终得到最优化的结果。在初始解构造阶段,初始化时间表为 $CL \times P$ 矩阵,$CL = \{cl_1, cl_2, \cdots, cl_m\}$ 为所有班级的集合;$P = \{p_1, p_2, \cdots, p_n\}$ 为一周内所有可上课的时段,例如 p_1 为周一上午第 1、2 节课。由于班级、学生和房间是关联的,课程和教师是关联的,因此矩阵中的行代表每个班级的排课方案,列为教学时间段,整个矩阵代表所有班级的排课方案,课表存储容器的二维表如表 7.1 所示。

表 7.1   课表存储容器的二维表

班级	p_1	p_2	p_3	$\cdots$	p_n
班级$_1$	课程××	课程××	课程××	$\cdots$	课程××
班级$_2$					
班级$_3$			······		
$\cdots$					
班级$_m$					

首先在不违反时段约束的条件下,将课程-对偶班级按照其课时数随机安排进时间表,再将其他课程随机放入,生成一个只存在教师冲突的初始时间表;之后利用爬山法迭代地在邻域中交换移动,不断地减少教师冲突,最终获得一个无硬冲突(教师冲突)的可行解。具体步骤如下。

步骤 1:将课程-对偶班级依次随机插入时间表。

步骤 2:将其他课程事件随机插入时间表空余位置。

步骤 3:确定包含对偶班级移动的邻域结构及迭代次数 T。

步骤 4:计算当前教师冲突值。

步骤 5:随机选择一个绑定了教师的课程事件,对其分配的时段进行随机调整尝试。

步骤 6:计算新的候选解惩罚值。

步骤 7:如候选解优于当前解,则接受移动;否则,就抛弃该移动。

步骤 8:判断是否满足停止条件:否,转步骤 5 进行迭代;是,继续步骤 9。

步骤 9:输出无硬冲突的可行解。

7.4.1　竞争搜索优化排课方案

(1)模拟退火

在课表优化阶段,采用模拟退火算法作为局部寻优算法,模拟退火算法原理及过程在第 4 章已经介绍,在此不再赘述,这里仅给出求解该问题时的参数配置。SA 算法包括很多参数,这些参数需要根据问题特性和经验来设置,在求解走班排课问题时,我们进行了大量的调参实验,最终确定了一组较为理想的参数配置,见表 7.2。

表 7.2　重要参数设置与配置

参数	描述	配置值
TL	SA 中温度下降次数(迭代控制温度下降)	500
L	每个温度下尝试交换次数	1000
T_0	初始温度($\Delta < 0$)	8
a	冷却系数	0.7
$Iter$	竞争搜索迭代次数	10

(2)邻域

依据走班排课问题的特性,我们设计了两类邻域结构集:基于简单交换的邻域($N_1 \sim N_2$)和基于软约束交换的邻域($N_3 \sim v5$)。基于简单交换的邻域有利于扩大搜索范围,基于软约束交换的邻域可以使搜索迅速向较优方向收敛。

1)基于简单交换的邻域。

N_1 时段交换:随机选择一个课程事件,移动或交换到另一时段,交换后无硬冲突。

N_2 对偶课程交换:随机选择两个非对偶课程事件,与另一个对偶课程事件交换,交换后无硬冲突。

2)基于软约束交换。

N_3 最小工作日交换:尝试可降低最小工作日惩罚值的交换。随机选择一个违反该约束的课程,将同一工作日内安排了两次该课程挪出一个课程到未安排该课程的工作日内。

N_4 课程推荐时段交换:尝试可降低课程推荐时段惩罚值的交换。随机选择一个违反该约束的课程,将该课程移动或交换到推荐时段。

N_5 课程间隔交换:尝试可降低课程间隔惩罚值的交换。随机选择一个课程数小于等于 3 且连续安排在相邻两天内的课程,将该课程移动到前后两天无该课程的时段。

(3)NSet Ⅰ和 NSet Ⅱ候选邻域结构集选择概率标准

两种邻域结构集的选择概率是竞争搜索算法的核心。邻域集合中共有 5 种邻域,每种对应着不同的移动方式。在每次搜索时,只能从当前选定的邻域结构集合中挑选一种邻域作为该次搜索的邻域移动。由于每一种邻域结构不同,搜索区域也不同,邻域之间也必然存在交叉现象。如何达到多种邻域结构下的共同局部最优,需要在搜索过程中对不同的邻域结构设置不同的选择概率。不同的邻域搜索概率对搜索结果会产生不同的影响。通过大量实验与分析,最终确定了两种邻域结构集的不同选择概率。采用两种邻域结构选择概率竞争的方法,使得不同的算例可以找到更适合自己样本特征的寻优方向。

表 7.3 中显示了两种邻域结构集的选择概率。NSet Ⅰ中,分别设定被选择概率 N_2 为 10%、N_4 为 10%,其他均为 20%;而 NSet Ⅱ中,被选择概率 N_2 为 8%,其他均为 20%。

表 7.3　两种邻域结构集的选择概率

NSet Ⅰ	被选择概率	NSet Ⅱ	被选择概率
N_1	20%	N_1	20%
N_2	10%	N_2	8%
N_3	20%	N_3	20%
N_4	10%	N_4	20%
N_5	20%	N_5	20%

在邻域 N_2 交换的过程中,需要始终保持对偶课程课时的同步调整,并确保在交换的过程中不会产生新的硬冲突。对偶班级的移动过程中,需要考虑多种情况,如图 7.4 所示,对于随机选择的两个课程事件(课程 1 与课程 2)进行时段交换,除要求

彼此交换时需保证时段可用约束外,还需考虑两者的对偶班级课程需同时移动。假设班级 j 在时段 a 的课程 1 与时段 b 的课程 2 进行时段交换时,应考虑课程 1 是否存在对偶班级,若存在对偶班级 i,则需考虑班级 i 的课程 1 与课程 3 是否可以交换。同理,班级 j 的课程 2 在交换的同时,必须考虑其对偶班级 k 的课程 2 和课程 4 是否存在对偶班级课程。如此递归,必然会增加问题的复杂性,如图 7.4(a)所示。

因此,针对这种情况,约定只接受课程 1 不为空事件且不存在对偶班级的课程,如图 7.4(b)所示,如违反该约定,则重新随机选择一个新的课程尝试交换。对于时段 b 的课程 2,要求其为空事件或者是不存在对偶班级的课程;或者当时段 b 的课程 2 存在对偶课程时,要求课程 2 对偶班级 k 在时段 a 的课程 4 必须为空课程或者不存在对偶班级。用这种方法保证对偶课程可以得到移动,且将问题的复杂性限制在一定规模。

	...	时段a	...	时段b	...
班级i	...	课程1	←→	课程3	...
...	...	...		...	...
班级j	...	课程1	←→	课程2	...
...	...	...		...	...
班级k	...	课程4	←→	课程2	...
...	...	...		...	...
班级m	...	课程4	←→	课程5	...

（a）

	...	时段a	...	时段b	...
班级i	...	课程8	←→	课程9	...
...	...	...		...	...
班级j	...	课程1	←→	课程2	...
...	...	...		...	...
班级k	...	课程4	←→	课程2	...
...	...	...		...	...
班级m	...	课程6	←→	课程5	...

（b）

图 7.4　课程对偶班级交换示意图

7.4.2　验证机制设计

为了验证排课结果的准确性,我们设计了以下验证机制。

(1)所有课程事件是否都得到安排

根据教学计划中每个班级的总课程及每个课程的课时要求,将每一个特定的课程课时分配唯一的编号,并统计出教学计划中的总课时数。对排号的总课表中所有课程事件进行统计比对,确保所有课程课时均得到安排,且总课时数与教学计划一致。

（2）所有课程事件是否存在班级错分情况

课程事件本身包含了班级、教师、课程、时段等信息，针对每一个班级，逐一核对所有课程事件班级是否一致、班级总课时是否一致等，确保无班级错分情况出现。

（3）相同时段是否出现同一教师被安排到多个教室

在最终的排课方案中，逐一时段验证各班课程教师无重复。通过对该时段所有班级课程，针对其任课教师做两两比对，确保无教师冲突。

（4）所有走班对偶课程是否所有课时均安排在相同时段

针对走班方案中涉及的班级课程，对其所有课时验证其在对偶班级中均安排在相同时段，保证其走班的有效性，对选课与学课课时数不同的课程，应保证课时数少的学课在相关时段安排自修，避免出现走班课程冲突。

（5）每个教室容量是否满足上课人数

针对所有班级，验证班级人数始终小于教室容量。在走班的情况下，应保证原班学生人数与接收走班学生人数之和也不超过教室容量。

7.4.3　算法复杂度分析

对于基于竞争搜索的排课算法，其算法的时间复杂度与第 4 章的竞争搜索算法相同。设 NP 是课程事件的数，D 是问题维度（由时段数 P、房间数 R 和约束数 C 决定）。在模拟退火算法中，由于降温过程的迭代数为 tl，等温过程的迭代数为 L，则基本局部搜索的时间复杂度为 $O(tl \cdot L)$。为保证等温过程交换的充分性，设置 $L = NP \cdot D$，因此，对于外层迭代数为 I 的 ILS 算法，其整体运行时间是 $O(I \cdot tl \cdot NP \cdot D)$。

由于在局部搜索阶段采用两个独立的搜索进行竞争，因此其运行时间约为单个迭代局部搜索的两倍。但由于两个独立搜索采用不同的邻域组合，可以在一个独立搜索中采用时间复杂性较低的邻域组合，从而降低整体运行时间，使其远低于两倍运行时间；并且，随着降温过程的进行和接受差解的减少，所需的邻域移动进一步降低，受益于截断策略，算法的收敛速度将进一步提高，其最终时间复杂度为 $O(I \cdot \log[tl \cdot NP \cdot D])$。

7.5　实验结果与分析

7.5.1　测试实例

7.5.1.1　实例介绍

本章针对浙江省绍兴市柯桥中学 2017—2018 学年第一学期高二年级的真实数据进行了算法验证。该中学是一所典型的实行 7 选 3"中走班"模式的学校。其现行课表是在现有排课软件的基础上再由经验丰富的教务人员手工调整获得。

全年级共 19 个班,其中 2 个实验班选考课组合分别指定为物理、化学、生物组合和政治、历史、地理组合,学生不再选课,也不参与走班。其他 17 个班共 675 人可根据个人意愿在 7 门选考课(物理、化学、生物、政治、历史、地理、信息)中任选 3 门参加等级性考试,计入高考成绩。在高一学期末和高二学期初,学校根据学生选课情况,对学生进行重新分班。各班根据分班时形成的班级选考课组合将 7 门课中的 3 门确定为该班的选考课,其余 4 门确定为学考课,选考课和学考课分别实行不同的教学方案和教学内容。如学生选考课组合与所在班级开设的选考课组合不完全一致时(即存在某个课程,部分学生为选考课,而本班开设的是学考课),课程类型不一致的学生需要走班到同一时间开设该选考课的班级上课。这就意味着同一班级的学生课表并不完全一样,每位学生都会有一个个性化课表。

应用实例的教学安排以周为单位,每周有 6 个工作日,每个工作日分为 8 个教学时间段(上午 4 个,下午 4 个)。其中周六下午休息,周一和周五第 8 时间段自修,周三第 8 节为生涯规划教育。实际可用教学时间段为 41 个,每 1 个时间段为 1 个课时。

所有班级均为 13 门课程,其中语文、数学、英语、通用、体育、美术不区分学考课或选考课,无需走班。其中美术课和信息课需要到相应的美术教室和计算机教室去上课。物理、化学、生物、政治、历史、地理区分学考课或选考课,政治的选考课和学考课的授课内容与课时均不同(选考课为 3 个学时,学考课为 2 个学时),其他 5 门选考课和学考课授课内容不同但学时相同,均为 3 个学时。信息课在第一学期选考课和学考课中授课内容与课时均相同,在第二学期有所不同。详细课程名称及课时见表 7.4。

表 7.4　课程名称及课时

课程	物理	化学	生物	政治	历史	地理	信息	语文	数学	英语	通用	体育
选考课	3	3	3	3	3	3	2	5	5	5	2	2
学考课	3	3	3	2	3	3	2	5	5	5	2	2

所有班级选考课组合中包含政治的班级,一周总课时为 40,所有班级选考课组合中不包含政治的班级,总课时为 39。

每门课程有若干个专业教师,每个教师承担 1 个或多个班级的教学任务,在区分选考课和学考课的课程中,尽量安排同一教师只教选考课或学考课。由于教师人数相对充裕,不存在一个教师承担多个不同课程的情况。详细课程名称及教师人数见表 7.5。

表 7.5　课程名称及教师人数

课程	物理	化学	生物	政治	历史	地理	信息	语文	数学	英语	通用	体育
教师人数	9	9	9	6	6	5	7	11	11	11	3	4

学生选课信息是走班制下分班和排课的重要依据,班级选考课组合的确定和班级的分配,乃至教师的分配和课表的编排等一系列教学活动的安排,都依赖于学生选课结果的统计和最优匹配而确定。但是学生的选课意愿本身是不可控的,其结果未必就与学校教师数量、教学特点与优势、教学资源配备情况等相匹配,这些都给学校的教学计划与管理带来很大困难。因此要求在选课之前,学校要给学生做好足够的选课指导,引导学生根据自身的特点结合学校的教学优势,选择合适的选课组合。对本实例的学生选课结果统计汇总见表 7.6。

表 7.6　学生选课结果统计汇总表

单科选课情况			7 选 3 选课人数统计									
课程名称	人数	百分比	组合	人数	组合	人数	组合	人数	组合	人数	组合	人数
物理	183	27.11%	物化生	51	物生地	29	物地信	8	化政信	3	生史地	43
化学	386	57.19%	物化政	5	物生信	7	化生政	81	化史地	16	生史信	6
生物	501	74.22%	物化史	14	物政史	0	化生史	50	化史信	2	生地信	14
政治	275	40.74%	物化地	15	物政地	5	化生地	75	化地信	5	政史地	19
历史	264	39.11%	物化信	16	物政信	2	化生信	17	生政史	59	政史信	4
地理	301	44.59%	物生政	10	物史地	7	化政史	19	生政地	33	政地信	4
信息	115	17.04%	物生史	12	物史信	2	化政地	17	生政信	14	史地信	11

7.5.1.2　实验环境

本章的运行环境及开发工具如下。

操作系统：Windows 7 专业版 SP1,64 位。

处理器：Intel(R) Core(TM) i5 - 5300U CPU @ 2.30 GHz。

内存：4 GB。

开发工具：Microsoft Visual Studio 2010。

7.5.2　实验结果

7.5.2.1　基于贪婪策略确定的班级选考课组合结果

根据学生选课统计结果,在班级选考课组合的设置上,利用贪婪策略可以最大程度上满足学生选课需求。在这一阶段,主要目标是争取班级选考课组合的课程设置与学生总体选课结果相匹配,同时生成分班的初始解,以便于下一阶段针对每一个班级和学生,进行分班优化。详细初始分班结果和班级特征设置见表 7.7。

表 7.7　基于贪婪策略的分班及班级选考课组合设置

班级	物理	化学	生物	政治	历史	地理	信息	人数	班级选考课组合		
1 班	0	44	44	44	0	0	0	44	化学	生物	政治
2 班	0	44	44	0	0	44	0	44	化学	生物	地理
3 班	0	0	44	44	44	0	0	44	生物	政治	历史

班级	物理	化学	生物	政治	历史	地理	信息	人数	班级选考课组合		
4 班	44	44	44	0	0	0	0	44	物理	化学	生物
5 班	0	44	44	0	44	0	0	44	化学	生物	历史
6 班	0	0	43	0	43	43	0	43	生物	历史	地理
7 班	0	43	43	37	6	0	0	43	化学	生物	政治
8 班	5	0	33	42	0	42	4	42	生物	政治	地理
9 班	7	38	38	0	0	31	0	38	化学	生物	地理
10 班	39	0	39	10	0	29	0	39	物理	生物	地理
11 班	14	36	0	22	33	0	3	36	化学	政治	历史
12 班	0	0	0	23	34	30	15	34	政治	历史	地理
13 班	0	24	31	0	2	19	38	38	化学	生物	信息
14 班	5	38	0	22	16	33	0	38	化学	政治	地理
15 班	12	0	33	15	33	0	6	33	物理	生物	历史
16 班	30	15	7	0	0	23	15	30	物理	地理	信息
17 班	27	16	14	16	9	7	34	41	物理	历史	信息

在全部 17 个选课班级中,我们可以看到全年级共开设选考课物理 5 门、化学 9 门、生物 12 门、政治 7 门、历史 7 门、地理 8 门、信息 3 门,分别占比 29.4%、52.9%、70.6%、41.2%、41.2%、47.1%、17.7%,与学生选课结果比例基本符合。

针对学生分班结果的评价,在于是否达到:①最小化走班人数;②最小化缺编班级数;③最小化走班课程数;④最小化超标走班数。其中最小化走班人数用于保证后期排课对教学质量的影响,应尽量减少学校总体走班的学生人数;最小化缺编班级数用于保证分班的均衡性;最小化走班课程数用于保证班级的稳定性;最小化超标走班数避免走班的学生过于分散。为量化评价指标,设置每个学生每走班 1 个课程,惩罚值为 1 分;每一个缺编班级,惩罚值为 20 分;每个走班课程,惩罚值为 2 分;每一个超标走班情况,惩罚值为 10 分。在这个评价指标之下,基于贪婪策略的分班结果中,学生引起的走班惩罚值为 404 分,缺编班级数引起的惩罚值为 20 分,走班课程引起的惩罚值为 76 分,超标走班引起的惩罚值为 30 分,合计 530 分。

7.5.2.2　基于模拟退火的优化分班结果

优化分班阶段,是在上一阶段分班结果的基础上,通过对学生分配班级的调整,实现减少学生走班人数和班级选课课程数的目的。通过采用经典的模拟退火算法,设置初始温度 $T_0=8$,等温过程迭代次数为 3000,降温过程迭代次数为 2000,冷却系数 $\alpha=0.995$,对分班结果进行优化。优化后分班结果见表 7.8。

表 7.8　基于模拟退火的优化分班结果

班级	物理	化学	生物	政治	历史	地理	信息	人数	班级类型(选考课)		
1 班	0	41	41	41	0	0	0	41	化学	生物	政治
2 班	0	36	36	0	0	36	0	36	化学	生物	地理
3 班	0	0	44	44	44	0	0	44	生物	政治	历史
4 班	44	44	44	0	0	0	0	44	物理	化学	生物
5 班	0	44	44	0	44	0	0	44	化学	生物	历史
6 班	0	0	43	0	43	43	0	43	生物	历史	地理
7 班	0	40	40	40	0	0	0	40	化学	生物	政治
8 班	0	0	42	42	0	33	9	42	生物	政治	地理
9 班	0	39	39	0	0	39	0	39	化学	生物	地理
10 班	29	0	37	0	0	37	8	37	物理	生物	地理
11 班	4	25	10	27	33	0	0	33	化学	政治	历史
12 班	0	16	0	19	35	35	0	35	政治	历史	地理
13 班	6	26	31	8	0	9	40	40	化学	生物	信息
14 班	17	34	0	22	0	29	0	34	化学	政治	地理
15 班	29	11	40	17	23	0	0	40	物理	生物	历史
16 班	31	13	0	10	13	35	30	44	物理	地理	信息
17 班	23	17	10	5	29	5	28	39	物理	历史	信息

在前面约定的量化评价指标条件下,通过模拟退火优化阶段,形成了新的最优分班方案。在这个优化的方案中,学生引起的走班惩罚值减少为 376 分,缺编班级数引起的惩罚值为 0 分,走班课程引起的惩罚值为 70 分,超标走班引起的惩罚值为 0 分,合计 446 分,比之前的方案减少了 84 分,显著提高了分班质量。

7.5.2.3　课程走班方案

从前面分班结果可以看出,部分班级的部分学生选择的选考课,并不在本班的班级选考课组合中,这就意味着在本班开设的相关课程为学考课,就需要这些学生走班到其他开设有对应选考课的班级。以 12 班为例,该班级的选考课组合为政治、历史、地理,在班级的 35 个学生当中,可以保证 35 个学生的历史、地理选考课和 19 个学生的政治选考课在本班上课,而班上有 16 名学生未选考政治而选择了化学选考课,那么这 16 个学生的政治课就需要走班到其他开设学考课的班级上课,同样其化学课需要走班到开设化学选考课的班级上课。由于学考前,信息课选考和学考课程要求相同,所有在学考前信息课不参与走班。详细课程走班方案见表 7.9。

表 7.9　课程走班方案

班级	选考课学生数							选考课学生数						
	物理	化学	生物	政治	历史	地理	信息	物理	化学	生物	政治	历史	地理	信息
1 班	0	41	41	41	0	0	0	41	0	0	0	41	41	41
2 班	0	36	36	0	0	36	0	36	0	0	36	36	0	36
3 班	0	0	44	44	44	0	0	44	44	0	0	0	44	44
4 班	44	44	44	0	0	0	0	0	0	0	44	44	44	44
5 班	0	44	44	0	44	0	0	44	0	0	44	0	44	44
6 班	0	0	43	0	43	43	0	43	43	0	43	0	0	43
7 班	0	40	40	40	0	0	0	40	0	0	0	40	40	40
8 班	0	0	42	42	0	33	9	42	42	0	0	42	9	33
9 班	0	39	39	0	0	39	0	39	0	0	39	39	0	39
10 班	29	0	37	0	0	37	8	8	37	0	37	37	0	29
11 班	4	25	10	27	33	0	0	29	8	23	6	0	33	33
12 班	0	16	0	19	35	35	0	35	19	0	16	0	35	35
13 班	6	26	31	8	0	9	40	34	14	9	32	40	31	0
14 班	17	34	0	22	0	29	0	17	0	34	12	34	5	34
15 班	29	11	40	17	23	0	0	11	29	0	23	17	40	40
16 班	31	13	0	10	13	35	30	13	31	44	34	31	9	14
17 班	23	17	10	5	29	5	28	16	22	29	34	10	34	11

　　在选考课走班方案中,形成 19 个对偶班,选课与本班选考课组合不一致的学生走班至对偶班级上课。在后面排课阶段要求走班课程上课时间与对偶班级的该课

程时间完全一致,以保证走班不会出现同一个学生同时安排在两个不同教室的学生冲突。

7.5.2.4　爬山法解决教师冲突

在排课前首先需要对每门课程的教师进行分配,针对每门课程按照一定的教师约束,为每位教师安排上课的班级,在区分选考课和学考课的课程中,尽量安排同一教师只教选考课或学考课。具体教师授课分配方案见表 7.10。

表 7.10　教师授课分配方案

班级	物理	化学	生物	政治	历史	地理	信息	语文	数学	英语	通用	体育	美术
1 班	T0004	T0101	T0201	T0301	T0404	T0503	T0602	T0701	T0801	T0901	T1001	T1101	T1201
2 班	T0005	T0102	T0202	T0303	T0405	T0501	T0603	T0702	T0802	T0902	T1002	T1102	T1202
3 班	T0006	T0106	T0203	T0302	T0401	T0504	T0604	T0703	T0803	T0903	T1003	T1103	T1201
4 班	T0001	T0103	T0204	T0304	T0406	T0505	T0605	T0704	T0804	T0904	T1001	T1104	T1202
5 班	T0007	T0104	T0205	T0305	T0402	T0503	T0606	T0705	T0805	T0905	T1002	T1101	T1201
6 班	T0008	T0107	T0206	T0306	T0403	T0502	T0607	T0706	T0806	T0906	T1003	T1102	T1202
7 班	T0009	T0105	T0207	T0301	T0404	T0504	T0602	T0707	T0807	T0907	T1001	T1103	T1201
8 班	T0002	T0108	T0201	T0303	T0405	T0501	T0603	T0708	T0808	T0908	T1002	T1104	T1202
9 班	T0004	T0109	T0202	T0302	T0406	T0502	T0604	T0709	T0809	T0909	T1003	T1101	T1201
10 班	T0005	T0101	T0203	T0304	T0404	T0501	T0605	T0710	T0810	T0910	T1001	T1102	T1202
11 班	T0003	T0102	T0208	T0305	T0405	T0502	T0606	T0711	T0811	T0911	T1002	T1103	T1201
12 班	T0006	T0103	T0209	T0301	T0401	T0505	T0607	T0701	T0801	T0901	T1003	T1104	T1202
13 班	T0007	T0104	T0204	T0306	T0406	T0503	T0601	T0702	T0802	T0902	T1001	T1101	T1201
14 班	T0001	T0106	T0205	T0303	T0402	T0504	T0602	T0703	T0803	T0903	T1002	T1102	T1202
15 班	T0008	T0107	T0206	T0302	T0403	T0505	T0603	T0704	T0804	T0904	T1003	T1103	T1201
16 班	T0009	T0108	T0208	T0304	T0401	T0501	T0601	T0705	T0805	T0905	T1001	T1104	T1202
17 班	T0002	T0105	T0209	T0305	T0404	T0503	T0601	T0706	T0806	T0906	T1002	T1101	T1201
18 班	T0003	T0101	T0207	T0306	T0405	T0504	T0604	T0707	T0807	T0907	T1003	T1102	T1202
19 班	T0004	T0109	T0208	T0301	T0402	T0502	T0605	T0708	T0808	T0908	T1001	T1103	T1201

在排课过程中,要求同一个教师在同一时段不能安排在两个不同的教室。在排课的第一阶段,首先利用爬山法生成一个无教师冲突(硬冲突)的初始解,由于教师

人数相对充裕,可以很容易得到一个无硬冲突的初始解。

7.5.2.5　竞争搜索排课结果

排课的理想结果是:①保证排课方案无教师、学生、时间等硬冲突;②最好能同时满足最小工作日、课程间隔、课程时段要求等软约束。根据软约束的重要程度,设置每违反一个最小工作日(即同一门课程一天安排多于一次),惩罚值为 5 分;每违反一个课程间隔(即对于所有最小工作日小于 5 天的课程,要求两次课之间至少间隔 1 天),惩罚值为 3 分;每违反一个课程时段要求(即主要课程应安排在重要的时段,辅修课程应避免占用重要时段),惩罚值为 1 分。在这个评价指标之下,采用竞争搜索算法,成功解决了所有软、硬冲突,获得了较为理想的排课结果。

排课结果保存在一个三维矩阵中,行为班级,列为时段,每个单元格包含课程名称、类别、任课教师、课次、教室等信息,对三维矩阵的输出即可获得年级总课表。结合教师分配矩阵,可以输出每个教师的课表。结合学生分班结果(包括每个学生的选课要求和分班信息),可以输出每个学生的课表。下面分别给出多阶段启发式算法获得的 12 班的班级课表,12 班一位走班学生的课表,13 班一位化学选课教师的课表,结果分别见表 7.11、表 7.12 和表 7.13。

表 7.11　12 班班级课表

时段	星期一	星期二	星期三	星期四	星期五	星期六
1	历选,T0402	英语,T0901	英语,T0901	英语,T0901	语文,T0701	化学,T0106
2	语文,T0701	数学,T0801	数学,T0801	数学,T0801	数学,T0801	英语,T0901
3	数学,T0801	语文,T0701	语文,T0701	语文,T0701	英语,T0901	物学,T0007
4	地选,T0502	通用,T1003	生学,T0208	通用,T1003	生学,T0208	地选,T0502
5	自修	化学,T0106	政选,T0303	物学,T0007	历选,T0402	—
6	政选,T0303	物学,T0007	历选,T0402	化学,T0106	政选,T0303	—
7	生学,T0208	美术,T1202	信息,T0607	地选,T0502	信息,T0607	—
8	自修	体育,T1104	生涯规划	体育,T1104	自修	—

表 7.12　12 班某选择化学、历史、地理选考课的走班学生课表(该班为历、地、政选)

时段	星期一	星期二	星期三	星期四	星期五	星期六
1	历选,T0402	英语,T0901	英语,T0901	英语,T0901	语文,T0701	化选,13 班,T0103
2	语文,T0701	数学,T0801	数学,T0801	数学,T0801	数学,T0801	英语,T0901
3	数学,T0801	语文,T0701	语文,T0701	语文,T0701	英语,T0901	物学,T0007
4	地选,T0502	通用,T1003	生学,T0208	通用,T1003	生学,T0208	地选,T0502
5	自修	化选,13 班,T0103	政学,15 班,T0305	物学,T0007	历选,T0402	—
6	政学,15 班,T0305	物学,T0007	历选,T0402	化选,13 班,T0103	自修	—
7	生学,T0208	美术,T1202	信息,T0607	地选,T0502	信息,T0607	—
8	自修	体育,T1104	生涯规划	体育,T1104	自修	—

表 7.13　13 班化学选课教师课表

时段	星期一	星期二	星期三	星期四	星期五	星期六
1	—	—	—	—	—	13 班,化选
2	—	—	—	—	—	
3	—	—	—	—	—	
4	—	—	4 班,化选	—	—	
5	4 班,化选	13 班,化选	—	—	4 班,化选	
6	—	—	—	13 班,化选	—	
7	—	—	—	—	—	
8	—	—	—	—	—	

　　随机选择 12 班的班级课表(表 7.11)作为例子,该班级的特征选考课组合为政治、历史、地理,从课表上可以看出相应的课程类别为政选、历选和地选,总课时数为40,语文、数学、英语均安排在上午前三节,体育、美术均安排在下午后两节,除语文、数学、英语之外的其他课程均间隔至少一天。从 12 班学生中随机选择一个需要走班的学生个人课表(表 7.12)为例,该生的选课组合为化学、历史、地理,可以看出其

化学课的课程类别为化选,任课教师为 13 班化学选课任课教师,政治课的课程类别为政学,任课教师为 15 班政治学课任课教师。从 13 班化学选课任课教师课表(表 7.13)可以看出,该教师课表上课时间与班级课表时间一致。

7.5.3　分析和讨论

7.5.3.1　走班制下影响分班排课算法因素分析

在分班阶段,有可能出现班级选课人数不均衡的情况,造成某班的走班人数超过所有接收班级的可用容量而无法统一走班,只能将该班走班人数拆班分别走班;或者出现需要多个班级学生走班到一个接收班级的情况,这样也就无法形成对偶班级。这些情况都会造成学生管理上的混乱和排课复杂性的增加,甚至可能造成无法得到一个可行的排课方案,因此需要在分班阶段多次尝试迭代,生成不同的分班方案,从中选择最合适的分班结果。这样虽然在分班阶段提高了算法的复杂性和运行时间,但可以简化之后走班管理和排课的复杂性,提高整体的管理和排课效率。

在排课阶段,由于之前软件加手工排课的局限性,无法实现过于复杂的软约束,对于有些手工已经难以解决的各种约束,利用本章提出的排课算法来解决就会非常简单。实际上,在模拟退火阶段,只需要数百次迭代、耗时几秒就可以迅速得到一个解决所有软、硬冲突的排课方案。在采用多阶段启发式算法之后,可以进一步满足更多更复杂的软、硬约束,更好地服务于教学管理过程。

7.5.3.2　智能分班排课与现行分班排课结果比较

在新高考背景下的走班制分班排课相对于传统的分班排课具有不确定性高、难度大、无法预先设计、排课时间紧张等问题。市场上尚未出现能够适应各类学校实际情况的分班排课软件,少数排课软件也只能获得一个无硬冲突的初始方案,需要学校教务人员花费大量时间和精力进一步手工调整,而且由于软件加手工排课的局限性,无法实现复杂的约束条件处理,分班排课结果往往不尽如人意。学校现行分班结果见表 7.14。

表 7.14　学校现行分班结果

班级	物理	化学	生物	政治	历史	地理	信息	人数	班级选考课组合		
1 班	7	17	44	14	6	0	44	44	化学	生物	信息
2 班	0	36	36	36	0	0	0	36	化学	生物	政治
3 班	14	35	0	23	39	0	6	39	化学	政治	历史
4 班	8	0	14	0	11	33	33	33	生物	地理	信息
5 班	38	0	29	0	9	36	2	38	物理	生物	地理
6 班	0	38	35	38	0	0	3	38	化学	生物	政治
7 班	0	42	30	0	7	42	5	42	化学	生物	地理
8 班	12	41	41	10	8	11	0	41	物理	化学	生物
9 班	0	0	43	0	43	43	0	43	生物	历史	地理
10 班	0	43	34	0	9	43	0	43	化学	生物	地理
11 班	7	0	33	40	0	38	2	40	生物	政治	地理
12 班	12	0	40	28	40	0	0	40	生物	政治	历史
13 班	0	17	0	40	19	40	4	40	政治	历史	地理
14 班	10	0	41	41	31	0	0	41	生物	政治	历史
15 班	39	39	39	0	0	0	0	39	物理	化学	生物
16 班	0	42	42	0	42	0	0	42	化学	生物	历史
17 班	36	36	0	5	0	15	16	36	物理	化学	信息

　　该现行分班结果中,实际走班 404 人课,走班班级课程 40 次,超标走班 5 次。根据前面的评价指标,学生走班引起的惩罚值为 404 分,由走班班级课程引起的惩罚值为 80 分,由超标走班引起的惩罚值为 50 分,合计 534 分,超出使用多阶段启发式算法分班结果 88 分。

　　由于分班结果不同,相应的排课结果也不同。现行排课结果有较多的英语课被安排在了下午,数学无法保证安排在每天的前三节;9 班和 10 班的历史选修课要到 7 班去上课,造成多班走班情况(智能排课走班最多涉及两个班)。在现行排课结果中,最小工作日惩罚值为 0 分,推荐时段惩罚值为 123 分,课程均匀度惩罚值为 15 分,合计 138 分;而基于竞争搜索的排课算法则成功解决了所有软、硬冲突。

图 7.5 给出了用 9 个评价指标对现行分班(软件加手工)排课和智能排课结果进行比较,可以看出,在课表是否可行、最小工作日是否满足、每个行政班学生数是否合理三方面,两者均取得了不错的表现;但在课程间隔是否满足、指定课程是否安排到推荐时段方面,软件加手工排课结果落后于智能排课,并且,智能排课可以保证在 19 个班中完成走班教学,而现行排课结果需要多增加 3 个大教室才能满足学生走班需要。在最小化走班人课数(一个学生有可能走班几个课程,一个课程为 1 分)以及最小化走班课程数、超标走班数三方面,现行排课也落后于智能排课的结果。可以看出,智能排课结果几乎在各方面都优于现行排课结果,充分证明了我们设计算法的有效性。

评价指标	软件加手工排课	智能排课
课表是否可行(无教师\学生\时间等硬冲突)	√	√
最小工作日是否满足(一周 5 次的课程)	√	√
课程间隔是否满足(一周不多于 3 次的课程)	15	√
指定课程是否安排到推荐时段	123	√
使用教室数量	19+3	19
每个行政班学生数是否合理(33～50 人)	√	√
最小化走班人课数	404	376
最小化走班课程数	40	35
超标走班数	5	0

图 7.5 现行排课结果与智能排课结果对比

7.6 本章小结

新高考走班排课问题是现阶段我国各级高中面临的一个新的复杂问题,相关研究较少。由于该问题尚处于研究初期,各方面的经验及教学模式存在巨大差异,加之该问题本身是一个复杂的组合优化问题,为其建立一个清楚直观的数学模型是一件相当困难的工作。本章在借鉴 UCTP 问题分析方法、求解途径和算法框架的基础上,通过实地调研,仔细研究实际走班排课问题的特点和多种约束条件,深入分析影响排课过程的多种因素,抓住走班制排课的本质与核心,构建了新高考走班制下的分班模型以及排课模型。

在新高考背景下的走班排课算法设计过程中,分班与排课问题是两个相对独立又互相影响的阶段,采用传统的排课算法很难予以一体化解决。本章提出一种基于竞争搜索的多阶段启发式算法来求解排课问题,通过分析走班制排课的特点,将整个过程分为分班和排课两个阶段,在不同的阶段设计特定的启发式算法,最终完成获得最优化的分班和排课方案目标。本章最后对浙江绍兴一所实行新高考改革的高中进行算法验证,并与现行排课结果进行了对比,给出了 9 种评价指标,结果显示本章设计的基于竞争搜索的多阶段启发式算法结果远远优于现行软件加手工的分班排课结果,充分证明了算法的有效性。

参考文献

［1］王凌.智能优化算法及应用［M］.北京:清华大学出版社,2001.

［2］赵秋红,肖依永,MLADENOVIC N. 基于单点搜索的元启发式算法［M］.北京:科学出版社,2013.

［3］DIJKSTRA E W. A note on two problems in connexion with graphs［M］. New York:Springer-Verlag, Inc. 1959:269 – 271.

［4］KHACHIYAN L. A polynomial algorithm in linear programming［J］. Doklady Adademiia Nauk Cccp, 1979（20）:191 – 194.

［5］EDMONDS J. Maximum matching and a polyhedron with 0,1-vertices［J］. Journal of Research of the National Bureau of Standards,1965(69):125 – 130.

［6］COOK S A. The complexity of theorem-proving procedures［C］//Proceedings of the third annual ACM symposium on Theory of computing,1971:151 – 158.

［7］REEVES C R. Modem Heuristic Techniques for Combinatorial Problems［J］. Advanced Topics in Computer Science,McGraw-Hill, 1993.

［8］CHERRUAULT Y, MORA G. Optimisation Globale-Theorie des courbes alpha-denses［J］. Economica, Paris, 2005.

［9］CLERC M. Particle Swarm Optimization［M］. London:ISTE Publishing Company, 2006.

［10］DORIGO M, ST¨UTZLE T. Ant Colony Optimization［M］. New York:Bradford Books, 2004.

[11] KARABOGA D, BASTURK B. A powerful and efficient algorithm for numerical function optimization: artificial bee colony (ABC) algorithm[J]. Journal of Global Optimization, 2007,39:459 – 471.

[12] KARABOGA D, BASTURK B. On the performance of artificial bee colony (ABC) algorithm[J]. Applied Soft Computing, 2008, 8:687 – 697.

[13] MICHALEWICZ Z. Genetic Algorithms + Data Structures=Evolution Programs[M]. Springer, Heidelberg,1994.

[14] GLOVER F. Future Paths for Integer Programming and Links to Artificial Intelligence[J]. Computers & Operations Research, 1986,13:533 – 549.

[15] GLOVER F, KOCHENBERGER G A. Handbook of Metaheuristics[M]. Boston: Kluwer, 2003.

[16] BLUM C, ROLI A. Metaheuristics in combinatorial optimization: overview and conceptual comparison[J]. ACM Computing Surveys, 2003, 35(3): 268 – 308.

[17] METROPOLIS N, ROSENBLUTH A W, ROSENBLUTH M N, et al. Equation of State Calculations by Fast Computing Machines[J]. The Journal of Chemical Physics, 1953, 21 (6):1087.

[18] KIRKPATRICK S, GELATT C D, VECCHI M P. Optimization by Simulated Annealing[J]. Science,1983, 220(4598):671 – 679.

[19] AARTS E H L. Statistical cooling a general approach to combinatorial optimization problems[J]. Philips Journal of Research, 1985, 40(4):193 – 226.

[20] DUECK G. Threshold Accepting: A General Purpose Optimization Algorithm Appearing Superiour to Simulated Annealing[J]. Computational Physics, 1990, 90(1):161 – 175.

[21] DUECK G. New Optimization Heuristics: The Great Deluge Algorithm and the Record-to-Record Travel[J]. Journal of Computational Physics, 1993, 104(1):86 – 92.

[22] NOURANI Y, ANDRESEN B. A comparison of simulated annealing cooling strategies[J]. Journal of Physics A: Mathematical and General, 1998, 41: 8373-8385.

[23] Ali M, TÖRN A, VIITANEN S. A direct search simulated annealing algorithm for optimization involving continuous variables[J]. Computers & Operations Research, 2002, 29(1):87-102.

[24] DIEKMANN R, LÜLING R, SIMON J. Problem independent distributed simulated annealing and its applications[J]. Applied Simulated Annealing, Lecture Notes in Economics and Mathematical Systems LNEMS 396, Springer Verlag, 1993:17-44.

[25] WOOD I A, DOWNS T. Demon algorithms and their application to optimization problems[C]// IEEE World Congress on IEEE International Joint Conference on Neural Networks. IEEE, 1998, (2):1661-1666.

[26] VARANELLI J M, COHOON J P. A two-stage simulated annealing methodology[C]//In: Proceedings of the 5th Great Lakes Symposium on VLSI. USA: Buffalo, 1995:50-53.

[27] GLOVER F. Future Paths for Integer Programming and Links to Artificial Intelligence[J]. Computers & Operations Research,1986, 13:533-549.

[28] TAN P H, RASMUSSEN L K. Tabu search multi-user detection in CDMA [J]. Radio Vetenskap och Kommunikation. Sweden: Stockholm, 2002:744-748.

[29] TAN P H, RASMUSSEN L K. A reactive Tabu search heuristic for multi-user detection in CDMA [C]// ISIT2002. Switzerland: Lausanne, 2002: 472-478.

[30] WATSON J P, WHITLEY L D, HOWE A E. A dynamic model of tabu search for the job-shop scheduling problem[C]//In: Proceedings of the 1st Multidisciplinary International Conference on Scheduling: Theory and Appli-

cations (MISTA2003). Netherlands: Kluwer Academic Publishers, 2003: 320 - 336.

[31] MLADENOVIC N, HANSEN P. Variable neighborhood search[J]. Computers & Operations Research, 1997, 24(11):1097 - 1100.

[32] CAPOROSSI G, CVETKOVIĆ D, GUTMAN I, et al. Variable neighborhood search for extremal graphs 2. Finding graphs with extremal energy[J]. Chem Inf Comput Sci 1999, 39:984 - 996.

[33] CAPOROSSI G, GUTMAN I, HANSEN P. Variable neighborhood search for extremal graphs 4. Chemical trees with extremal connectivity index[J]. Comput. Chem, 1999, 23:469 - 477.

[34] BAGLEY J D. The behavior of adaptive systems which employ genetic and correlation algorithms [D]. University of Michigan, 1967.

[35] COLORNI A, DORIGO M, MANIEZZO V. An investigation of some properties of an "Ant algorithm". [C]// Proceedings of the Second Conference on Parallel Problem Solving from Nature. Brussels, Belgium. New York: Elsevier Publishing, 1992:509 - 520.

[36] DORIGO M, MANIEZZO V, COLORNI A. Ant system: optimization by a colony of cooperating agents[J]. IEEE Transactions on Systems, Man, and Cybernetics, Part B (Cybernetics), 1996, 26(1):29 - 41.

[37] DORIGO M, GAMBARDELLA L M. Ant colony system: a cooperative learning approach to the traveling salesman problem[J]. IEEE Transactions on Evolutionary Computation, 1997, 1(1):53 - 66.

[38] STÄUTZLE T, HOOS H H. MAX-MIN Ant System[J]. Future Generation Computer Systems, 2000, 16:889 - 914.

[39] JARADAT G M, AYOB M. An Elitist-Ant System for Solving the Post-Enrolment Course Timetabling Problem[J]. Communications in Computer & Information Science, 2010, 118:167 - 176.

[40] LEWIS C F. The School Timetable[D]. Cambridge: Cambridge Univ. Press. 1961.

[41] FUJINO K A. preparation program for the time table using random number [J]. Information processing in japan, 1965, 5:8-18.

[42] GOTLIEB C C. The Construction of Class-Teacher Timetables[C]//Proc. IFIP Congress 62, Munich, 1963.

[43] LAWRIE N L. An Integer Linear Programming Model of a School Timetabling Problem[J]. The Computer Journal, 1969, 12:307-316.

[44] EARLY S. Evaluating a Timetabling Algorithm Based on Graph Recolouring [D]. B. phil. Diss. Univ. of Oxford. 1968.

[45] WELSH D J A. An upper bound for the chromatic number of a graph and its application to timetabling problems[J]. The Computer Journal, 1967, 10 (1):85-86.

[46] DE WERRA D. On a particular conference scheduling problem[J]. Infor Information Systems & Operational Research, 1975, 13(3):308-315.

[47] JUNGINGER W. Zuruckfuhrung des Stundenplanproblems auf ein dreidimensionales Transport problem[J]. Z. Operations Res. Ser. A. 16:11-25; 1972, MR 48:2267; Zvl. M 236:551.

[48] DYER J, MULVEY J M. The Implementation of an Integrated Optimization/Information System for Academic Departmental Planning[J]. Management Science, 1976, 22:1332-1341.

[49] MULVEY J M. A Classroom/Time Assignment Model[J]. European Journal of Operational Research, 1982, 9:64-70.

[50] CHAHAL N, DE WERRA, D. An Interactive System for Constructing Timetables on a PC[J]. European Journal of Operational Research, 1989, 40: 32-37.

[51] EVEN S, ITAI A, SHAMIR A. On the complexity of time table and multi-

commodity flow problems[C]//16th Annual Symposium on Foundations of Computer Science sfcs 1975, USA,1975:184 - 193.

[52] ABRAMSON D. Constructing School Timetables Using SimulatedAnnealing: Sequential and Parallel Algorithms[J]. Management Science, 1991, 37 (1):98 - 113.

[53] EGLESE R W, RAND G K. Conference Seminar Timetabling[J]. Journal of the Operational Research Society, 1987, 38(7):591 - 598.

[54] HERTZ A. Tabu Search for Large Scale Timetabling Problems[J]. European Journal of Operational Research, 1991, 54:39 - 47.

[55] HERTZ A. Finding a Feasible Course Schedule Using Tabu Search[J]. Discrete Applied Mathematics, 1992, 35(3):255 - 270.

[56] ALVAREZVALDES R, MARTIN G, Tamarit J M. Constructing Good Solutions for the Spanish School Timetabling Problem[J]. Journal of the Operational Research Society. To appear. 1996.

[57] SCHAERF A. (1996). Tabu Search Techniques for Large HighSchool Timetabling Problems[M]. In Proc. of the 13th Nat. Conf. on Artificial Intelligence (AAAI96),363 - 368. Portland, USA: AAAI Press/MIT Press.

[58] COLORNI A, DORIGO M, MANIEZZO V. A Genetic Algorithm to Solve the Timetable Problem. Technical Report 90060 revised, Politecnico di Milano[R]. Italy. 1992.

[59] ABRAMSON D, ABELA J. A Parallel Genetic Algorithm For Solving The School Timetabling Problem[C]//In in 15th Australian Computer Science Conference, Hobart, Feb 1992:1 - 11.

[60] CORNE D, FANG H L, MELLISH C. Solving the Modular Exam Scheduling Problem with Genetic Algorithms[R]. Technical Report 622, Department of Artificial Intelligence, University of Edinburgh. 1993.

[61] BURKE E, ELLIMAN D, WEARE R. AGenetic Algorithm Based Universi-

ty Timetabling System［C］//In 2nd EastWestInternational Conference on Computer Technologies in Education. 1994，Crimea，Ukraine.

［62］MONFROGLIO A. Timetabling through Constrained Heuristic Search and Genetic Algorithms［J］. Software：Practice and Experience，1996，26 (3)：29.

［63］KANG L，WHITE，G M. A Logic Approach to the Resolution of Constraints in Timetabling［J］. European Journal of Operational Research，1992，61：306－317.

［64］FAHRION R，DOLLANSKY G. Construction of University Faculty Timetables Using Logic Programming Techniques［J］. Discrete Applied Mathematics，1992，35(3)：221－236.

［65］YOSHIKAWA M，KANEKO K，YAMANOUCHI T. ＆. Watanabe，M. A Constraint Based High School Scheduling System［J］. IEEE Expert，1996，11(1)：63－72.

［66］SOLOTOREVSKY G，GUDES E，MEISELS A. RAPS：A RuleBased Language Specifying Resource Allocation and TimeTabling Problems［J］. IEEE Transactions on Knowledge and Data Engineering，1994，6(5)：681－697.

［67］COOPER T B，KINGSTON J H. The Solution of Real Instances of the Timetabling Problem［J］. The Computer Journal，1993，36(7)：645－653.

［68］BALAKRISHNAN N，LUCENA A，WONG R T. Scheduling Examinations to Reduce Second-Order Conflicts［J］. Computers and Operational Research，1992，19(5)：353－361.

［69］ABDULLAH S，BURKE E K，MCCOLLUM B，Using a Randomised Iterative Improvement Algorithm with Composite Neighbourhood Structures for the University Course Timetabling Problem［M］. accepted for publication in Metaheuristics-Progress in Complex Systems Optimization（eds. K. F. Doerner，M. Gendreau，P. Greistorfer，W. J. Gutjahr，R. F. Hartl and M.

Reimann), to appear in the Springer Op-erations Research / Computer Science Interfaces Book series, 2007.

[70] CHIARANDINI M, BIRATTARI M, SOCHA K, ROSSI-DORIA O, An effective hybrid approach for the university course timetabling Problem[J]. Journal of Scheduling, 2006, 9(5):403 - 432.

[71] DI GASPERO L, SCHAERF A, Neighborhood portfolio approach for local search applied to timetabling problems[J]. Journal of Mathematical Modeling and Algorithms, 2006, 5(1):65 - 89.

[72] Ph Kostuch, The university course timetabling problem with a three-phase approach[C]//In Edmund Burke and Michael Trick, editors, Proc. of the 5th Int. Conf. on the Practice and Theory of Automated Timetabling (PATAT-2004), selected papers}, volume 3616 of Lecture Notes in Computer Scienc}, pages 109 - 125, Berlin-Heidelberg, 2005. Springer-Verlag.

[73] MCCOLLUM B, A Perspective on Bridging the Gap between Theory and Practice in University Timetabling[M]//Practice and Theory of Automated Time-tabling VI, Springer LNCS, 2007, 3867:3 - 23.

[74] KOSTUCH P. Timetabling competition-sa-based heuristic. In PATAT 2004: Proceedings of the 5th International Conference on the Practice and Theory of Automated Timetabling, 2004[C].

[75] CHIARANDINI M, BIRATTARI M, SOCHA K, et al. An effective hybrid algorithm for university course timetabling[J]. Journal of Scheduling, 2006, 9:403 - 432.

[76] MURRAY K, MüLLER T, RUDOVá H. Modeling and solution of a complex university course timetabling problem[M]. In Edmund Burke and Hana Rudová, editors, Practice and Theory of Automated Timetabling VI, volume 3867 of Lecture Notes in Computer Science, pages 189 - 209. Springer Berlin Heidelberg, 2007. ISBN 978 - 3 - 540 - 77344 - 3.

[77] CESCHIA S L. DI GASPERO, SCHAERF A. Design, engineering, and experimental analysis of a simulated annealing approach to the postenrolment course timetabling problem[J]. Computers & Operations Research, 2012, 39(7):1615 - 1624.

[78] BURKE E K, BYKOV Y, NEWALL JP, et al. A time-predefined local search approach to exam timetabling problems[J]. IIE Transactions, 2004, 36(6):509 - 528.

[79] CHRISTOS G, PANAYIOTIS A, EFTHYMIOS H. An improved multi-staged algorithmic process for the solution of the examination timetabling problem[J]. Annals of Operations Research, 2012, 194(1):203 - 221.

[80] BELLIO R, CESCHIA S, L. Di Gaspero, et al.. Feature-based Tuning of Simulated Annealing applied to the Curriculum-based Course Timetabling Problem[J]. Computers & Operations Research, 2016, 65:83 - 92.

[81] GOH LENG S, Graham Kendall, et al. Improved local search approaches to solve the post enrolment course timetabling problem[J]. European Journal of Operational Research, 2017, 261(1):17 - 29.

[82] SOCHA K, SAMPELS M, MANFRIN M. Ant algorithms for the university course timetabling problem with regard to the state-of-the-art[M]. In Stefano Cagnoni, Colin G. Johnson, Juan J. Romero Cardalda, Elena Marchiori, David W. Corne, Jean-Arcady Meyer, Jens Gottlieb, Martin Middendorf, Agnès Guillot, GüntherR. Raidl, and Emma Hart, editors, Applications of Evolutionary Computing, volume 2611 of Lecture Notes in Computer Science, 2003:334 - 345. Springer Berlin Heidelberg.

[83] TURABIEH H, ABDULLAH S, MCCOLLUM B, et al. Fish swarm intelligent algorithm for the course timetabling problem[M]. In Jian Yu, Salvatore Greco, Pawan Lingras, Guoyin Wang, and Andrzej Skowron, editors, Rough Set and Knowledge Technology, volume 6401 of Lecture Notes in

Computer Science, 2010:588 - 595. Springer Berlin Heidelberg.

[84] TURABIEH H, ABDULLAH S. A hybrid fish swarm optimisation algorithm for solving examination timetabling problems[M]. In Carlos A. Coello Coello, editor, Learning and Intelligent Optimization, volume 6683 of Lecture Notes in Computer Science, pages 539 - 551. Springer Berlin Heidelberg, 2011.

[85] DER-FANG SHIAU. A hybrid particle swarm optimization for a university course scheduling problem with flexible preferences[J]. Expert Systems with Applications, 2011,38(1):235 - 248.

[86] Ruey-Maw Chen and Hsiao-Fang Shih. Solving university course timetabling problems using constriction particle swarm optimization with local search[J]. Algorithms, 2013, 6(2):227 - 244.

[87] ELEY M. Ant algorithms for the exam timetabling problem[M]//In Edmund K. Burke and Hana Rudová, editors, Practice and Theory of Automated Timetabling VI, volume 3867 of Lecture Notes in Computer Science, pages 364 - 382. Springer Berlin Heidelberg, 2007.

[88] FONG C W, ASMUNI H, MCCOLLUM B. A Hybrid Swarm Based Approach to University Timetabling[J]. IEEE Transactions on Evolutionary Computation, 2015, 19(6):1 - 1.

[89] FILHO G, LORENA L. A constructive evolutionary approach to school timetabling[M]//In Egbert Boers, editor, Applications of Evolutionary Computing, volume 2037 of Lecture Notes in Computer Science, pages 130 - 139. Springer Berlin / Heidelberg, 2001.

[90] SOUZA M J F, MACULAN N, OCHI L S. A grasp-tabu search algorithm for school timetabling problems[M]. In M. G. C. Resende and J. P. de Sousa, editors, Metaheuristics: Computer decision-making, pages 659 - 672. Kluwer Academic Publishers, 2003.

[91] NURMI K, KYNGAS J. A conversion scheme for turning a curriculum based timetabling problem into a school timetabling problem[C]//In Proceedings of the 7th International Conference on the Practice and Theory of Automated Timetabling (PATAT 2008), 2008.

[92] NURMI K, KYNGAS J. A framework for school timetabling problem[C]// In Proceedings of the 3rd multidisciplinary international scheduling conference: theory and applications, 2007:386 - 393.

[93] Suyanto. An informed genetic algorithm for university course and student timetabling problems[M]//In Proceedings of the 10th international conference on Arti cal intelligence and soft computing: Part II, ICAISC'10, Berlin, Heidelberg,. Springer-Verlag, 2010:229 - 236.

[94] MANSOUR N, ISAHAKIAN V, GHALAYINI I. Scatter search technique for exam timetabling[J]. Applied Intelligence, 2011,34(2): 299 - 310.

[95] MAYA N R, FLORES J J, RANGEL H R. Performance comparison of Evolutionary Algorithms for University Course Timetabling Problem[J]. Computacion Y Sistemas, 2016, 20(4):623 - 634.

[96] WANG K, SHANG W, LIU M, et al. A Greedy and Genetic Fusion Algorithm for Solving Course Timetabling Problem[C]// IEEE/ACIS 17th International Conference on Computer and Information Science (ICIS), Singapore, Singapore, 2018:344 - 349.

[97] JUNN K Y, OBIT J H, ALFRED R. The Study of Genetic Algorithm Approach to Solving University Course Timetabling Problem[M]//In: Alfred R., Iida H., Ag. Ibrahim A., Lim Y. (eds) Computational Science and Technology. ICCST 2017. Lecture Notes in Electrical Engineering, 2018, vol 488. Springer, Singapore.

[98] CLARENCE H. MARTIN. Ohio university's college of business uses integer programming to schedule classes[J]. Interfaces, 2004,34(6):460 - 465.

[99] QUALIZZA A, SERAFINI P. A column generation scheme for faculty time-tabling[M]//In Edmund Burke and Michael Trick, editors, Practice and Theory of Automated Timetabling V, volume 3616 of Lecture Notes in Computer Science, Springer Berlin Heidelberg, 2005:161 - 173.

[100] LACH G, LüBBECKE M. Curriculum based course timetabling: new solutions to udine benchmark instances[J]. Annals of Operations Research, 2012,194: 255 - 272.

[101] CACCHIANI V, CAPRARA A, R Roberti, et al. A new lower bound for curriculum-based course timetabling [J]. Computers & Operations Research, 2013,40(10):2466 - 2477.

[102] SANTOS H, UCHOA E, OCHI L, et al. Strong bounds with cut and column generation for class-teacher timetabling[J]. Annals of Operations Research, 2012, 194(1):399 - 412.

[103] BAGGER N-CF, SØRENSEN M, STIDSEN TR, Benders' Decomposition for Curriculum-Based Course Timetabling[J]. Computers & Operations Research, 2018, 91:178 - 189.

[104] ROSS P, MARIN-BLAZQUEZ J G. Constructive hyper-heuristics in class timetabling[C]//In Proceedingsof the IEEE congress of evolutionary computation CEC, 2005:1493 - 1500.

[105] BURKE E K, PETROVIC S, QU R. Case based heuristic selection for examination timetabling[C]//In Proceedings of SEAL, 2002:277 - 281.

[106] PILLAY N. An analysis of representations for hyper-heuristics for the uncapacitated examination timetabling problem in a genetic programming system [M]//In C. Cilliers, L. Barnard, & R. Botha (Eds.), Proceedings of SAICSIT, 2008:188 - 192.

[107] PILLAY N. Evolving hyper-heuristics for a highly constrained examination timetabling problem[C]//In Proceedings of the 8th international conference

on the practice and theory of automated timetabling，PATAT2010，2010：336－346.

[108] PILLAY N. Evolving hyper-heuristics for the uncapacitated examination timetabling problem[J]. Journal of the Operational Research Society，2012，63：47－58.

[109] KALENDER M，KHEIRI A，OZCAN E，et al. A greedy gradient-simulated annealing selection hyper-heuristic[J]. Soft Computing，2013，17(12)：2279－2292.

[110] LEI YU，GONG MAOGUO，JIAO LICHENG，et al. An Adaptive Coevolutionary Memetic Algorithm for Examination Timetabling Problems[J]. International Journal of Intelligent Computing and Cybernetics. 2015.

[111] Kheiri，Ahmed. A hidden markov model approach to the problem of heuristic selection in hyper-heuristics with a case study in high school timetabling problems[J]. Evolutionary Computation，2017,25(3)：473－501.

[112] 岑道. 谈谈一张单班日课表[J]. 江苏教育，1956(z2).

[113] 刘继美. 几种不同的"交叉"上课的课表[J]. 湖南教育，1957(10).

[114] 张清绵，郜荣春. 用电子计算机自动构造高等院校课程表[J]. 大连理工大学学报，1981(4)：115－118.

[115] 全大克，课程表的计算机设计[J]. 西南交通大学学报，1983(1) .

[116] 林漳希，林尧瑞. 人工智能技术在课表编排中的应用[J]. 清华大学学报（自然科学版）1984,24(2)：1－9.

[117] 陆峰，李新. 自动排课系统算法的设计与实现[J]. 计算机技术与发展，2005，15(11)：60－63.

[118] 陈雪芳. 教学管理系统中排课算法约束条件及其实现[J]. 东莞理工学院学报，2009，16(1)：51－54.

[119] 张德珍，陈刚，王营，等. 面向高校统一教学资源排课问题的启发式方法[J]. 系统工程学报，2015，30(6).

[120] 刘继清,陈传波. 模拟退火算法在排课中的应用[J]. 武汉船舶职业技术学院 学报,2003,2(3):22 - 24.

[121] 罗军. 基于动态规划和模拟退火算法的排课系统[J]. 计算机与现代化,2007 (5):41 - 43.

[122] 詹亚坤,钟绍春,门慧勇,等. 混合启发式算法在排课问题上的应用[J]. 计 算机系统应用,2012,21(2):104 - 108.

[123] 高健,廖斌华,高培. 基于改进模拟退火算法的中学排课问题[J]. 工业控制 计算机,2018(1).

[124] 王伟. 基于贪婪法和禁忌搜索的实用高校排课系统[J]. 计算机应用,2007, 27(11):2873 - 2876.

[125] 丁振国,赵红维. 禁忌搜索求解排课问题的应用研究[J]. 微电子学与计算 机,2008,25(4):31 - 34.

[126] 彭复明,吴志健. 基于多种群遗传算法的排课方法[J]. 计算机工程与设计, 2010,31(22).

[127] 刘仁诚,冯秀兰. 基于改进遗传算法的排课问题研究[J]. 科技通报,2013, 29(5):160 - 163.

[128] 马海滨. 基于遗传算法的智能排课模型[J]. 电脑知识与技术,2014(3): 610 - 613.

[129] 吴瑕,蒋玉明. 利用免疫粒子群算法解决排课问题[J]. 计算机工程与设计, 2010,31(17):3872 - 3875.

[130] 罗义强,陈智斌. 基于改进粒子群算法的高校排课问题优化[J]. 计算机应用 与软件,2018,35(06):247 - 253,309.

[131] 董永峰,梁丽业,张素琪,等. 基于改进的蜜蜂交配算法的排课问题研究 [J]. 计算机工程与设计,2013,34(7).

[132] GAREY M R, JOHNSON D S. Computers and intractability - a guide to NP-completeness[M]. San Francisco:Freeman and Company,1979.

[133] COOPER T B , KINGSTON J H. The complexity of timetable construction

problems[M]// In: Burke E, Ross P (eds) Practice and Theory of Automated Timetabling(PATAT) I, vol 1153. Springer Berlin, Heidelberg, 1996: 283 – 295.

[134] LEWIS R. A survey of metaheuristic-based techniques for University Timetabling problems[J]. OR Spectrum, 2008, 30(1):167 – 190.

[135] Lü Z P, HAO J K. Adaptive Tabu search for course timetabling[J]. European Journal of Operational Research, 2010, 200:235 – 244.

[136] RASMUSSEN R V, TRICK M A. Round robin scheduling – a survey[J]. European Journal of Operational Research, 2008, 188:617 – 636.

[137] BAI R, BURKE E K, KENDALL G, McCollum B. An evolutionary approach to the nurse rostering problem[J]. IEEE Transactions on Evolutionary Computation, 2010, 14(4):580 – 590.

[138] RODRIGUES M M, C. C de Souza, Moura A V. Vehicle and crew scheduling for urban bus lines[J]. European Journal of Operational Research, 2006, 170:844 – 862.

[139] MCCOLLUM B. A perspective on bridging the gap between theory and practice in university timetabling [M]//In: E. K. Burke, H. Rudová (Eds.), Proceedings of the Sixth PATAT Conference, LNCS, 2007, 3867: 3 – 23.

[140] BURKE E K, PETROVIC S. Recent research directions in automated timetabling [J]. European Journal of Operational Research, 2002, 140:266 – 280.

[141] LEWIS R, PAECHTER B. Finding Feasible Timetables Using Group-Based Operators[J]. IEEE Transactions on Evolutionary Computation, 2007, 11 (3):397 – 413.

[142] QAUROONI D, AKBARZADEH-T M R. Course timetabling using evolutionary operators[J]. Applied Soft Computing, 2013, 13(5):2504 – 2514.

[143] TUGA M, BERRETTA R, MENDES A. A Hybrid Simulated Annealing

with Kempe Chain[C]//In: Proceedings of the 6th IEEE/ACIS International-al Conference on Computer and Information Science, 2007:400 – 405.

[144] LIU Y, ZHANG D F, CHIN F Y L. A clique-based algorithm for constructing feasible timetables[J]. Optimization Methods & Software, 2011, 26 (2):281 – 294.

[145] MüHLENTHALER M, WANKA R. A novel event insertion heuristic for creating feasible course timetables[C]//Proc, International Conference on the Practice and Theory of Automated Timetabling, 2010:294 – 304.

[146] CESCHIA S, GASPERO L D. SCHAERF A. Design, engineering, and experimental analysis of a simulated annealing approach to the post-enrolment course timetabling problem[J]. Computers & Operations Research, 2012, 39(7):1615 – 1624.

[147] PAPADIMITRIOU C H, STEIGLITZ K. Combinatorial Optimization: Algorithms and Complexity[J]. Prentice-Hall, New Jersey, 1982.

[148] SETUBAL J C. Sequential and Parallel Experimental Results with Bipartite Matching Algorithms[R]. Technical Report EC-96 – 09, Institute of Computing, University of Campinas, Brasil, 1996.

[149] KIRKPATRICK S, JR C D GELATT, VECCHI M P. Optimization by simulated annealing[J]. Science, 1983, 220:671 – 80.

[150] LAARHOVEN P V, AARTS E H. Simulated Annealing: Theory and Applications[M]. Kluwer Academic Publishers, Dordrecht, 1988.

[151] OSMAN I H, LAPORTE G. Metaheuristics: A bibliography[J]. Annals of Operations Research, 1996, 63:513 – 623.

[152] KOSTUCH P. The university course timetabling problem with a three-phase approach[M]//In: E. Burke and M. Trick (Eds.), Proceedings of PATAT 2004 Conference, LNCS, 2004, 3616:109 – 125.

[153] SONG T, LIU S, TANG X, et al. An iterated local search algorithm for

theUniversity Course Timetabling Problem[J]. Applied Soft Computing Journal, 2018(68): 597 - 608.

[154] LI X Y, ZHU L J, BAKI F, et al. Tabu search and iterated local search for the cyclicbottleneck assignment problem[J]. Computers and Operations Research, 2018(96): 120 - 130.

[155] GLOVER F, Hao J K. Efficient evaluation for solving 0 - 1 unconstrained quadratic optimizationproblems[J]. International Journal of Metaheuristics, 2010(1): 3 - 10.

[156] V. NISSEN, H. Paul, A modification of threshold accepting and its application to the quadratic assignment problem[J]. OR Spektrum, 1995(17): 205 - 210.

[157] TARANTILIS C D, IOANNOU G, Kiranoudis C T. A threshold accepting approach to the open vehicle routing problem[J]. RAIRO Operations Research, 38 (2004): 345 - 360.

[158] LAI X J, HAO J K, Glover F. Backtracking based iterated Tabu search for equitable coloring[J]. Engineering Applications of Artificial Intelligence, 2015(46): 269 - 278.

[159] MCCOLLUM B, SCHAERF A, PAECHTER B, MCMULLAN P, et al. Setting the research agenda in automated timetabling : the second international timetabling competition[J]. Informs Journal on Computing, 2010, 22 (1):120 - 30.

[160] LEWIS R, PAECHTER B, MCCOLLUM B. Post enrolment based course timetabling: A description of the problem model used for track two of the second international timetabling competition[R]. Technical report. Wales, UK: Cardiff University, 2007.

[161] DI GASPERO L, MCCOLLUM B, SCHAERF A. The second international timetabling: competition (ITC - 2007):Curriculum-based course timetabling

(track3)[R]. Technical report. Belfast, UK: Queen's University, 2007.

[162] MüLLER T. ITC2007: Solver description[C]//In: Proceedings of the 7th International Conference on the Practice and Theory of Automated Timetabling, 2007.

[163] MüLLER T. ITC2007 solver description: a hybrid approach[J]. Annals of Operations Research, 2009, 172(1):429 – 446.

[164] Lü Z P, HAO J-K. Adaptive Tabu Search for course timetabling[J]. European Journal of Operational Research, 2010, 200(1):235 – 244.

[165] CLARK M., HENZ M, LOVE B. QuikFix. A repair-based timetable solver[C]//In: Proceedings of the Seventh PATAT Conference, 2008.

[166] GEIGER M J. An application of the threshold accepting metaheuristic for curriculum based course timetabling[C]//In: Proceedings of the Seventh PATAT Conference, 2008.

[167] ATSUTA M, NONOBE K, IBARAKI T. ITC – 2007 Track2: An Approach using General CSP Solver, 2007.

[168] ABDULLAH S, TURABIEH H, MCCOLLUM B, et al. A hybrid metaheuristic approach to the university course timetabling problem [J]. Heuristics, 2012, 18(1):1 – 23.

[169] BELLIO R, GASPERO L D, SCHAERF A. Design and statistical analysis of a hybrid local search algorithm for course timetabling [J]. Journal of Scheduling, 2011, 15(1):49 – 61.

[170] BELLIO R, CESCHIA S, GASPERO L D, et al. Feature-based tuning of simulated annealing applied to the curriculum-based course timetabling problem[J]. Computers & Operations Research, 2016, 65:83 – 92.